JN063842

駿台受験シリーズ

短期攻略

大学入学 共通テスト

物理基礎

溝口真己　著

はじめに

　本書は，共通テストの「物理基礎」で高得点をとることを目標とした問題集です。

　複数の「物理基礎」の教科書を検証し，共通テストで問われるであろうテーマを網羅しています。本書の問題すべてを練習すれば共通テスト対策は完璧です。

本書の特長

①1日3題の問題演習で共通テスト対策が1ヶ月で完了できるように構成されています。

②共通テスト「物理基礎」の範囲で出題されるであろうテーマを網羅しています。共通テストの特徴である実験問題・考察問題・身近な現象を扱った問題については，次ページからの目次に示して収録しています。

③解説はできる限り詳しく書いてあります。また，解答・解説の **Box** は覚えておくべき知識のまとめになっています。

④大問ごとに共通テストでの目安となる解答所要時間，配点を示してあります。

⑤大問ごとの問題の難易度を3段階で表示しています。

　　　　★　　・・・比較的易しい問題
　　　　★★　・・・標準的な問題
　　　　★★★・・・やや難しい問題

効果的な使い方

①標準の解答所要時間を念頭において問題を解いてください。時間内で問題を解くことに慣れておくことが大切です。

②共通テストは基本から標準的な問題の出題が予想されます。本書も「物理基礎」の内容に沿って，そのような問題を中心に扱っていますが，応用問題（★★★）も加えています。標準的な問題（★や★★）がしっかり解けるようになったら応用問題にもチャレンジしてください。実力がワンランクアップします。

③間違えた問題や解けなかった問題は，解説をよく読んで，必ず理解しておいてください。そして，試験前にはもう一度見直しをしてください。

　本書を足がかりにして，共通テストに自信がもてるようになってもらえれば幸いです。みなさんの夢がかなうようにがんばってください。

　本書を執筆するにあたり，駿台文庫の松永正則さん，中越邁さん，大坂美緒さん，西田尚史さんには大変お世話になりました。ありがとうございます。

溝口　真己

目　　次

第1章　運動とエネルギー

§1	運動の表し方

★1　【4分・8点】

　図1のように小球が水平な床の上で一直線を運動している。小球は点Oから点Pまで一定の速度で運動し，点Pから点Qまでは一定の加速度で減速し，点Qで静止した。このとき，小球の速さは図2のように時間変化した。ただし，時刻 $t=0$ s に小球は点Oを通過した。

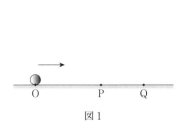

図1

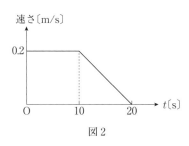

図2

問1　OP間とPQ間の距離は，それぞれいくらか。

OP間 ⟨ 1 ⟩ m　　PQ間 ⟨ 2 ⟩ m

　　① 1　　　　② 2　　　　③ 3　　　　④ 4

問2　小球が減速するときの加速度の大きさはいくらか。 ⟨　　⟩ m/s²

　　① 0.01　　② 0.02　　③ 0.03　　④ 0.04

運動とエネルギー

★★2 【5分・8点】

斜面上に置いた質量 0.500 kg の台車に記録テープの一端を付け，そのテープを 1 秒間に点を 50 回打つ記録タイマーに通す。記録タイマーのスイッチを入れ，台車を静かに放したところ，斜面に沿って動き出し，図 1 のような打点がテープに記録された。重なっていない最初の打点を P とし，その打たれた時刻を $t=0$ とする。打点 P から 5 打点ごとに印をつけ，その間隔 d を測定した。

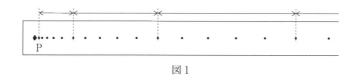

図 1

問 1 ある区間での測定値は $d=0.1691$ m であった。この区間における平均の速さとして最も適当なものを，次の①〜⑧のうちから一つ選べ。□ m/s

① 0.169 ② 0.313 ③ 0.714 ④ 0.816
⑤ 1.69 ⑥ 3.38 ⑦ 4.08 ⑧ 8.16

測定結果をもとに各区間の平均の速さ v を求め，時刻 t との関係を点で記すと，図 2 のようになり，直線を引くことができた。

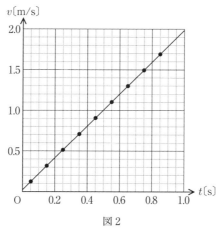

図 2

問 2 図 2 の直線から台車の加速度の大きさを求めるといくらになるか。最も適当なものを，次の①〜⑥のうちから一つ選べ。□ m/s²

① 0.196 ② 0.980 ③ 1.69 ④ 1.96 ⑤ 4.90 ⑥ 9.80

★★3 【8分・16点】

　図1のように，斜面と水平面がなめらかにつながった滑走台がある。小さな物体を，この斜面の左上の位置Pに静かに置いたところ，物体は斜面上を滑り降りて，滑走台の右端Bから空中に飛び出した。物体の出発点の位置Pと水平面ABの高さの差は0.80 mである。斜面上における物体の位置を，斜面に取り付けられたものさしといっしょに0.1秒ごとに撮影し，それを1枚の紙に写しとったところ，図2が得られた。ただし，物体が運動を開始してから経過した時間が0.4秒のときの物体の位置は省略してある。

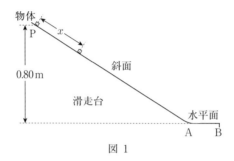

図 1

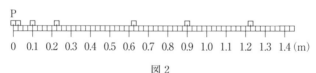

図 2

　位置Pを基準点にとって物体の位置を図2から読み取り，記録用紙に表1を作成した。表1には，物体が運動を開始してからの経過時間 t と，位置Pからの距離 x の値が記入されている。さらに，物体が運動を開始してから0.1秒ごとの区間の平均の速さも，計算によって求めて記入してある。

表1

経過時間 t(秒)	位置 P からの距離 x(m)	0.1秒ごとの区間の平均の速さ(m/s)
0	0	
		0.25
0.1	0.025	
		0.75
0.2	0.100	
		ア
0.3	0.225	
		1.75
0.4	イ	
		2.25
0.5	0.625	
		2.75
0.6	0.900	
		3.25
0.7	1.225	

問1　表1の空欄 ア に入る最も適当な数値はいくらか。

　　① 0.80　　② 0.85　　③ 1.00　　④ 1.25　　⑤ 1.50

問2　表1の空欄 イ に入る最も適当な数値はいくらか。

　　① 0.300　　② 0.325　　③ 0.400　　④ 0.425

　　⑤ 0.500　　⑥ 0.525

問3　次の文章は，実験結果に関する生徒A，B，Cの会話である。生徒たちの説明が科学的に正しい考察になるように，文章中の空欄 1 ・ 2 に入れる語と数値として最も適当なものを，下の選択肢のうちからそれぞれ一つずつ選べ。

A：平均の速さと経過時間の関係をグラフに描いてみたよ。

B：物体の加速度は一定と考えてよさそうだね。

C：表1の平均の速さから物体の加速度の大きさを求めると， 1 m/s^2 になるね。

A：物体の位置 P からの距離 x は 2 に比例するよ。

B：距離 x と経過時間 t の関係は等加速度運動のものだね。

C：距離 x と経過時間 t のグラフも描いてみよう。

1 の選択肢

　　① 0.50　　② 0.75　　③ 5.0　　④ 7.5

2 の選択肢

　　① 経過時間 t　　　　　　② 経過時間 t の2乗　　③ 経過時間 t の平方根

★★4 【8分・12点】

　　まっすぐな道路上で信号待ちをしていた自動車が，青信号で発進した。その後の時間と進んだ距離との関係を図に示してある。自動車は，時間0sから10sまでと，40sから60sまではそれぞれ一定の加速度で進み，時間10sから40sまでは一定の速度で進んだ。ただし，自動車の進行方向を速度と加速度の正の向きとする。

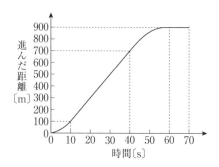

問1　時間10sから40sまでの自動車の速度はいくらか。□ m/s

①　10　　②　15　　③　20　　④　25

問2　自動車の速度と時間の関係を最もよく表しているグラフはどれか。

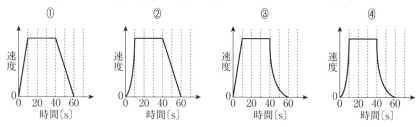

問3　自動車の時間0sから10sまでの加速度をa_1，時間40sから60sまでの加速度をa_2とする。a_1とa_2の値の組合せとして最も適当なものを一つ選べ。

	a_1〔m/s^2〕	a_2〔m/s^2〕
①	1.0	−2.0
②	1.0	−1.0
③	2.0	−2.0
④	2.0	−1.0

★★★**5** 【10分・16点】

直線に沿った運動について考えよう。直線状の線路と，それに沿った道路がある。図は，同じ向きに走る電車と自動車の速度 v を，時刻 t に対して表したグラフ（v−t 図）である。電車は，最初は停車しており，初めの 40 秒間は一定の加速度で速度を増した。ただし，自動車の進行方向を速度と加速度の正の向きとする。また，$t=0$ に電車と自動車は同じ位置にいた。

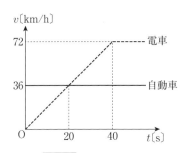

問1 初めの 40 秒間に電車が移動した距離はいくらか。 ▭ m

① 100 ② 200 ③ 300 ④ 400

問2 初めの 40 秒間の電車の加速度はいくらか。 ▭ m/s²

① 0.10 ② 0.20 ③ 0.50 ④ 1.0

問3 電車に乗っている人から見た自動車の相対速度を u とする。u−t 図として正しいものはどれか。

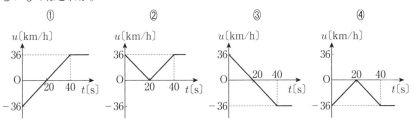

問4 電車が自動車を追い越すとき，電車に対する自動車の相対速度はいくらか。ただし，自動車の大きさは無視して考える。 ▭ km/h

① −36 ② −72 ③ 0 ④ 36 ⑤ 72

★**6** 【4分・12点】

地上で小球を静かに放して自由落下させた。小球を放した時刻を $t=0$ とする。

問1 小球の加速度の大きさの時間変化を表すグラフとして最も適当なものを,下の選択肢の中から一つ選べ。

問2 小球の速さの時間変化を表すグラフとして最も適当なものを,下の選択肢の中から一つ選べ。

問3 小球の落下距離の時間変化を表すグラフとして最も適当なものを,下の選択肢の中から一つ選べ。

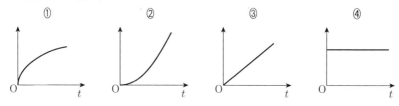

★★**7** 【8分・12点】

図1のように,ボールをある高さからそっと落とした。ボールは真下に落下して,手をはなしてから1.0秒後に最初に床に衝突し,その後何度もはずんだ。ボールの床からの高さの時間変化を示したグラフが図2である。図2の横軸は,ボールを落としてからの時間 t である。ただし,重力加速度の大きさを 9.8 m/s^2 とする。

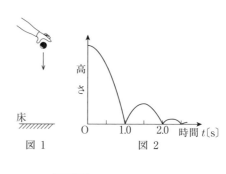

図1 図2

問1 床から何 m の高さからボールを落としたか。□m

① 0.5 ② 1.0 ③ 2.0 ④ 4.9 ⑤ 9.8

問2 ボールが最初に床に衝突する直前のボールの速さはいくらか。□m/s

① 4.9 ② 9.8 ③ 15 ④ 20

問3 ボールが最初に床に衝突した直後のボールの速さはいくらか。□m/s

① 4.9 ② 9.8 ③ 15 ④ 20

8 【5分・8点】

　図のように，水平から60°の斜め上方に小球を発射する装置がある。小球を点Pから速さvで鉛直な壁面に向かって打ち出した。小球は，高さが最高点に達したとき，点Qで壁面に垂直に衝突した。壁は点Pから水平方向にℓだけ離れており，点Qは点Pよりhだけ高い位置にあった。ただし，小球は壁と垂直な鉛直面内を運動し，空気の抵抗は無視できるものとする。また，重力加速度の大きさをgとする。

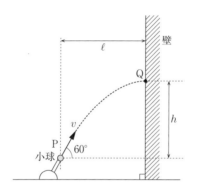

問1　発射直後において，小球の水平方向の速さは$\dfrac{v}{2}$である。発射から壁に衝突するまで，小球は水平方向には速度が一定の運動をする。発射直後から小球が壁に到達するまでの時間tを表す式として正しいものを，次の①～⑥のうちから一つ選べ。

$t=$ [　　]

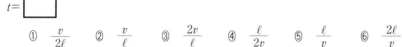

① $\dfrac{v}{2\ell}$　　② $\dfrac{v}{\ell}$　　③ $\dfrac{2v}{\ell}$　　④ $\dfrac{\ell}{2v}$　　⑤ $\dfrac{\ell}{v}$　　⑥ $\dfrac{2\ell}{v}$

問2　発射直後において，小球の鉛直方向の速さは$\dfrac{\sqrt{3}}{2}v$である。小球は鉛直方向には加速度が一定の鉛直投げ上げ運動をし，点Qで鉛直投げ上げ運動の最高点に達する。hを表す式として正しいものを，次の①～⑥のうちから一つ選べ。

$h=$ [　　]

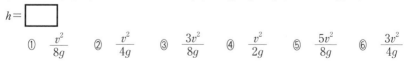

① $\dfrac{v^2}{8g}$　　② $\dfrac{v^2}{4g}$　　③ $\dfrac{3v^2}{8g}$　　④ $\dfrac{v^2}{2g}$　　⑤ $\dfrac{5v^2}{8g}$　　⑥ $\dfrac{3v^2}{4g}$

***9** 【5分·8点】

図1のように，小球を速さ v_0 で鉛直上向きに発射できる装置を備えた台車が水平な床の上にある。ただし，重力加速度の大きさを g とし，空気抵抗は無視できるものとする。

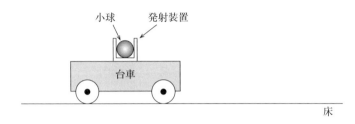

図1

問1　時刻 $t=0$ に，静止した台車から小球を打ち出した。小球が最高点に到達する時刻を表す式として正しいものを，次の①～⑥のうちから一つ選べ。

　　① $\dfrac{v_0}{2g}$　　② $\dfrac{v_0}{g}$　　③ $\dfrac{2v_0}{g}$　　④ $\dfrac{v_0^2}{2g}$　　⑤ $\dfrac{v_0^2}{g}$　　⑥ $\dfrac{2v_0^2}{g}$

問2　次の文章中の空欄 ア ・ イ に入れる語句の組合せとして最も適当なものを，下の①～⑨のうちから一つ選べ。

　　次に，一定の速度で動く台車から小球を打ち出す。このとき小球が到達する最高点の高さは，静止した台車から打ち出した場合と比べて ア ，小球は発射装置の イ に落下する。

	ア	イ
①	高くなり	前　方
②	高くなり	後　方
③	高くなり	中
④	低くなり	前　方
⑤	低くなり	後　方
⑥	低くなり	中
⑦	変わらず	前　方
⑧	変わらず	後　方
⑨	変わらず	中

§2　運動の法則

★*10*【5分・8点】

問1　図1は，ある小物体にはたらいている力 $\vec{F_1}$, $\vec{F_2}$ の向きと大きさを，方眼を用いて表したものである。この小物体にはたらく合力の x 成分 F_x と，y 成分 F_y の値の組合せとして最も適当なものを，下の ①〜⑧ のうちから一つ選べ。ただし，方眼の1目盛りは大きさ1Nの力に対応している。

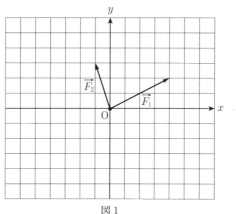

図1

	F_x〔N〕	F_y〔N〕
①	2	5
②	3	5
③	5	-1
④	5	5
⑤	-2	-5
⑥	-3	-5
⑦	-5	1
⑧	-5	-5

問2 図2のように，物体に3本のひもをつなぎ，ばねばかりで水平面内の3方向に引き，静止させた。このとき，ひもA，B，Cから物体にはたらく力の大きさをそれぞれ F_A，F_B，F_C とする。これらの比として正しいものを，下の①～⑥のうちから一つ選べ。$F_A : F_B : F_C =$ 〔　〕

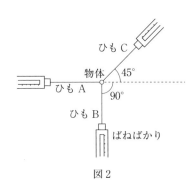

図2

① $1 : 1 : 1$　　② $1 : 1 : \sqrt{2}$　　③ $1 : 2 : \sqrt{2}$

④ $1 : 1 : 2$　　⑤ $\sqrt{2} : \sqrt{2} : 1$　　⑥ $\sqrt{2} : 2 : 1$

★★*11* 【5分・12点】

問1 地表面上に置かれた物体にはたらく重力を $\vec{G}$，物体が地面から受ける垂直抗力を $\vec{N}$，物体が地表面を押す力を $\vec{P}$，物体が地球を引く力を $\vec{F}$ とする。次の①～⑥のうちから，作用反作用の法則が当てはまる力の組合せを二つ選べ。

① $\vec{G}$ と $\vec{N}$　　② $\vec{G}$ と $\vec{P}$　　③ $\vec{G}$ と $\vec{F}$　　④ $\vec{N}$ と $\vec{P}$

⑤ $\vec{N}$ と $\vec{F}$　　⑥ $\vec{P}$ と $\vec{F}$

問2　力士と高校生が相撲を取る催しがあった。図のように二人が向かい合って立ち，水平に押し合ったところ，二人とも動かなかった。図には，二人にはたらいた力のうち，水平方向の力のみを示した。ただし，図の矢印は力の向きのみを表している。

　　　下の文章中の空欄　$\boxed{1}$・$\boxed{2}$　に入れる語句として最も適当なものを，それぞれの直後の { } で囲んだ選択肢のうちから一つずつ選べ。　$\boxed{1}$　$\boxed{2}$

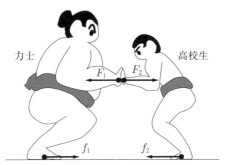

　　二人にはたらいた水平方向の力を考える。高校生から力士にはたらいた力の大きさを F_1，力士から高校生にはたらいた力の大きさを F_2，力士の足の裏にはたらいた摩擦力の大きさを f_1，高校生の足の裏にはたらいた摩擦力の大きさを f_2 とする。F_1 と F_2 について考えると，

$\boxed{1}$
$$\left\{\begin{array}{l} ① \quad 高校生が重い力士を押しているので，F_1 > F_2 \\ ② \quad 力士の方が強いので，F_1 < F_2 \\ ③ \quad 作用反作用の関係にあるので，F_1 = F_2 \\ ④ \quad つりあいの関係にあるので，F_1 = F_2 \end{array}\right.$$

が成り立つ。

　　このとき，高校生が水平方向に動かなかったのは，

$\boxed{2}$
$$\left\{\begin{array}{l} ① \quad f_2 < F_2 を満たす力で力士が押した \\ ② \quad f_2 > F_2 を満たす摩擦力がはたらいた \\ ③ \quad 作用反作用の関係により，f_2 = F_2 が成り立っていた \\ ④ \quad f_2 = F_2 が満たされ，力がつりあっていた \end{array}\right.$$

からである。

12 【4分・8点】

問1　図1のように，水平な床の上に置かれた質量 m の物体に，ばね定数 k の軽い
　　ばねが取り付けられている。手でばねの一端を鉛直上向きに，ゆっくりと引き上げ
　　る。ばねが自然の長さから x だけ伸びたとき，物体は床から離れた。伸び x を表
　　す式として正しいものを，下の①～④のうちから一つ選べ。ただし，重力加速度の
　　大きさを g とする。$x=\boxed{}$

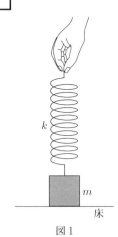

図1

①　$\sqrt{\dfrac{2mg}{k}}$　　②　$\dfrac{mg}{k}$　　③　$\dfrac{2mg}{k}$　　④　$\dfrac{k}{mg}$

問2　図2のように，水平な床の上に，質量 m，$2m$，$4m$ の物体A，B，Cを重ね
　　て置いた。物体Bに物体Aが及ぼす力の大きさを F_1，物体Bに物体Cが及ぼす力
　　の大きさを F_2 とする。力の大きさの比 $\dfrac{F_1}{F_2}$ として正しいものを，下の①～⑧のう
　　ちから一つ選べ。$\dfrac{F_1}{F_2}=\boxed{}$

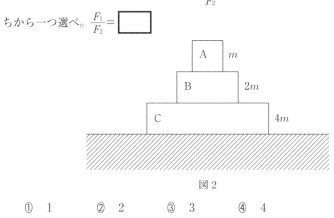

図2

①　1　　　　②　2　　　　③　3　　　　④　4

⑤　$\dfrac{1}{2}$　　　⑥　$\dfrac{1}{3}$　　　⑦　$\dfrac{1}{4}$　　　⑧　$\dfrac{2}{3}$

★★13【5分・12点】

問1　図1のように，自然の長さが同じで，ばね定数 k_A，k_B のばね A，B を組み合わせて直列につなぎ，質量 m の物体 P をつるした。P が静止しているとき，ばね A の自然の長さからの伸び x_A とばね B の自然の長さからの伸び x_B はいくらか。ただし，重力加速度の大きさを g とし，ばねの質量は無視できるものとする。

$x_A=$ | 1 | 　　$x_B=$ | 2 |

① $\dfrac{mg}{2k_A}$　② $\dfrac{mg}{k_A}$　③ $\dfrac{2mg}{k_A}$　④ $\dfrac{mg}{2k_B}$　⑤ $\dfrac{mg}{k_B}$　⑥ $\dfrac{2mg}{k_B}$

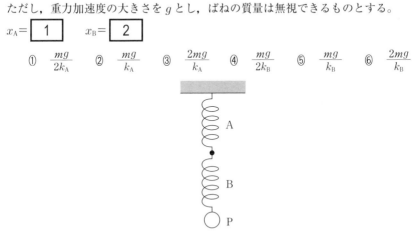

図1

問2　質量 m のおもりを鉛直につるすとき，ℓ だけ伸びる軽いばねがある。このばねの両端にそれぞれ質量 $\dfrac{m}{2}$ のおもりを図2のようにつなぐ。このとき，ばねの伸びはどうなるか。

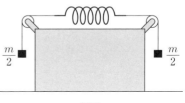

図2

① ばねの左右に働く力は打ち消し合うので，ばねは伸びない。

② ばねの片側を固定した場合と同じだから，$\dfrac{\ell}{2}$ だけ伸びる。

③ ばねは左に $\dfrac{\ell}{2}$，右に $\dfrac{\ell}{2}$ だけ伸びるので，全体として ℓ だけ伸びる。

④ おもりの質量の合計は m だから，ℓ だけ伸びる。

⑤ ばねは左に ℓ，右に ℓ だけ伸びるので，全体として 2ℓ だけ伸びる。

**14 【5分・8点】

問1　図1のように，質量100gの物体をひもをつけて手で持って静止させた。物体がひもから受ける力の大きさは何Nか。ただし，重力加速度の大きさを9.8m/s² とする。□□□ N

① 0.98　　② 9.8　　③ 98　　④ 980

100g

図1

問2　図2のように，ひもに質量mの物体をつり下げ，ひもの一端は天井に固定し，他端は天井に固定したなめらかな滑車を通して手で支えたところ，ひもと鉛直方向のなす角度はθとなった。このとき手に加わる力の大きさはいくらか。ただし，重力加速度の大きさをgとし，ひもの質量は無視できるものとする。

① $mg\cos\theta$　② $\dfrac{mg}{\cos\theta}$　③ $\dfrac{mg}{2\cos\theta}$

④ $mg\sin\theta$　⑤ $\dfrac{mg}{\sin\theta}$　⑥ $\dfrac{mg}{2\sin\theta}$

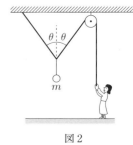

図2

★★*15*【5分・8点】

水平な床の上に直方体の物体を置き，それに伸び縮みしないひもをつけて，水平方向に引くと，引く向きと逆向きに摩擦力がはたらく。引く力を少しずつ大きくし，そのときの摩擦力を求めると，図のような摩擦力と引く力の関係を表すグラフが得られる。

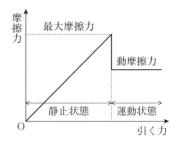

問1　この実験を，同じ物体を使って2回行う。ただし，2回目は1回目より粗い表面の床の上で行う。1回目と比べて，2回目には摩擦力と引く力の関係を表すグラフにどのような変化が見られるか。静止状態の直線の傾きと物体が運動を始めるときの引く力の大きさの変化について，最も適当なものを一つ選べ。

① 直線の傾きも，運動を始めるときの引く力の大きさも変わらない。

② 直線の傾きは変わらないが，運動を始めるときの引く力は大きくなる。

③ 直線の傾きは大きくなるが，運動を始めるときの引く力は大きさは変わらない。

④ 直線の傾きも，運動を始めるときの引く力も大きくなる。

問2　次に，物体の上に物体と同じ質量のおもりを固定して，1回目と同じ床の上で3回目の実験を行う。1回目と比べて，3回目にはどのような変化が見られるか。最も適当なものを一つ選べ。

① 最大摩擦力も動摩擦力も変わらない。

② 最大摩擦力は2倍になるが，動摩擦力は変わらない。

③ 最大摩擦力は変わらないが，動摩擦力は2倍になる。

④ 最大摩擦力も動摩擦力も2倍になる。

★★16 【7分・12点】

水平な床の上に置いたあらい平板の一辺が壁に接している。その平板上に質量 m の物体を置いた。図1のように，板の端を手でゆっくり持ち上げていくと，床と板の角度 θ が $30°$ を超えたとき，物体が滑り始めた。ただし，重力加速度の大きさを g とする。

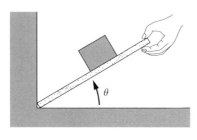

図1

問1　θ が $30°$ より小さいとき，物体に板からはたらく垂直抗力の大きさと摩擦力の大きさを表す式として正しいものを一つずつ選べ。

　　垂直抗力の大きさ　| 1 |　　摩擦力の大きさ　| 2 |

　① mg 　　② $mg\cos\theta$ 　③ $mg\sin\theta$ 　④ $\dfrac{mg}{\cos\theta}$ 　⑤ $\dfrac{mg}{\sin\theta}$

問2　物体と板の間の静止摩擦係数 μ はいくらか。$\mu =$ | 　|

　① $\dfrac{1}{2}$ 　　② $\dfrac{1}{\sqrt{3}}$ 　　③ $\dfrac{\sqrt{3}}{2}$ 　　④ 1 　　⑤ $\sqrt{3}$ 　　⑥ 2

　図2のように，粗い水平面上にある物体を水平方向に指で $\vec{F_1}$ の力で押したところ，物体には水平面から摩擦力 $\vec{F_2}$ がはたらき静止した。

問3　物体から指にはたらく力を $\vec{F_3}$，物体から水平面にはたらく力を $\vec{F_4}$ として，つりあう力の組合せとして正しいものを選べ。

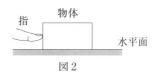

図2

　① $\vec{F_1}$ と $\vec{F_2}$ 　② $\vec{F_1}$ と $\vec{F_3}$ 　③ $\vec{F_1}$ と $\vec{F_4}$ 　④ $\vec{F_2}$ と $\vec{F_3}$
　⑤ $\vec{F_2}$ と $\vec{F_4}$ 　⑥ $\vec{F_3}$ と $\vec{F_4}$

★*17*【6分・12点】

　図のように，質量 0.50 kg の小球が水平な床の上で一直線を運動している。小球が点 O を速さ 4.0 m/s で通過し，その後，点 P まで小球に大きさ 2.0 N の一定の力を小球の進行方向に加えた。小球が点 O から点 P まで運動する時間は 3.0 s であった。

問1　小球が OP 間を運動するときの加速度の大きさはいくらか。　□ m/s²

　　① 1.0　　② 2.0　　③ 3.0　　④ 4.0　　⑤ 5.0

問2　小球が点 P を通過するときの速さはいくらか。　□ m/s

　　① 12　　② 16　　③ 20　　④ 24　　⑤ 28

問3　OP 間の距離はいくらか。　□ m

　　① 10　　② 20　　③ 30　　④ 40　　⑤ 50

☆☆*18*【5分・8点】

図のように，質量 m の物体を傾角 θ のなめらかな斜面 の下端から初速 v_0 で斜面に沿って打ち出したところ，時 間 T の後に斜面の下端に戻ってきた。ただし，重力加速 度の大きさを g とする。

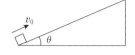

問1 物体が斜面上を運動するとき，物体の加速度の大きさはいくらか。

① $g\cos\theta$ ② $g\sin\theta$ ③ $\dfrac{g}{\cos\theta}$ ④ $\dfrac{g}{\sin\theta}$

問2 v_0 を T を用いて表すとどうなるか。$v_0=\boxed{}$

① $\dfrac{1}{2}gT\cos\theta$ ② $\dfrac{1}{2}gT\sin\theta$ ③ $gT\cos\theta$ ④ $gT\sin\theta$

☆☆*19*【5分・8点】

図1のように，質量 m のおもりをひもに取り付けて，鉛直 上向きに引き上げる。このとき，おもりにはたらくひもの張力 の大きさは T である。重力加速度の大きさを g とする。

問1 おもりの加速度の大きさはいくらか。ただし，T は mg より大きいものとする。

① $\dfrac{T}{m}-g$ ② $\dfrac{T}{m}$ ③ $\dfrac{T}{m}+g$

図1

今度は図2のように，ひもの傾きを一定に保っておもりを水平方向に運動させる。 ひもと鉛直線のなす角を θ とする。

問2 おもりがひもから受ける張力の大きさはいくら か。

① $mg\sin\theta$ ② $mg\cos\theta$ ③ $mg\tan\theta$

④ $\dfrac{mg}{\sin\theta}$ ⑤ $\dfrac{mg}{\cos\theta}$ ⑥ $\dfrac{mg}{\tan\theta}$

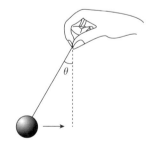

図2

★*20* 【4分・8点】

図のようにあらい水平面上で，質量 M の物体を水平右向きに大きさ F の一定の力で引いている。物体が右向きに運動している場合について考える。ただし，あらい水平面と物体の間の動摩擦係数 μ' は一定で，重力加速度の大きさを g とする。

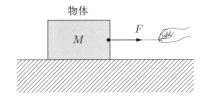

問1 物体が水平面から受ける動摩擦力の大きさを表す式として正しいものを，次の①～④のうちから一つ選べ。

① F ② $\mu'Mg$ ③ $F-\mu'Mg$ ④ $F+\mu'Mg$

問2 物体の加速度の大きさを表す式として正しいものを，次の①～⑤のうちから一つ選べ。

① $\dfrac{F}{M}$ ② $\dfrac{F}{M}-\mu'g$ ③ $\dfrac{F}{M}+\mu'g$

④ $\mu'Mg$ ⑤ $\mu'g$

★★*21* 【4分・8点】

水平面と角度 θ をなす，あらい斜面に沿って，質量 m の物体がすべり下りている。斜面と物体の間の動摩擦係数を μ'，重力加速度の大きさを g とする。

問1 物体にはたらく垂直抗力の大きさ N として正しいものを，次の①～⑦のうちから一つ選べ。$N=\boxed{}$

① $mg\sin\theta$ ② $mg\cos\theta$ ③ $mg\tan\theta$

④ $\dfrac{mg}{\sin\theta}$ ⑤ $\dfrac{mg}{\cos\theta}$ ⑥ $\dfrac{mg}{\tan\theta}$

⑦ mg

問2 物体の加速度として正しいものを，次の①～⑥のうちから一つ選べ。ただし，斜面に沿って下向きを加速度の正の向きとする。

① $g\sin\theta$ ② $g\sin\theta+\dfrac{\mu'N}{m}$ ③ $g\sin\theta-\dfrac{\mu'N}{m}$

④ $g\cos\theta$ ⑤ $g\cos\theta+\dfrac{\mu'N}{m}$ ⑥ $g\cos\theta-\dfrac{\mu'N}{m}$

★★22 【4分・8点】

図のように質量 $m=1\,\text{kg}$ と $M=2\,\text{kg}$ の物体1と2を，なめらかな床の上に接するように置き，物体1を大きさ $F=6\,\text{N}$ の力で押した。

問1　物体1と2の加速度の大きさは何 m/s^2 か。
　　① 1　　② 2　　③ 3　　④ 4

問2　物体2が1から受ける力の大きさは何 N か。
　　① 1　　② 2　　③ 3　　④ 4

★★23 【4分・8点】

図のように，軽い糸でつながった，質量 M の物体 A と質量 m の物体 B が，なめらかな水平面上に置かれている。物体 A に一定の大きさ F の力を水平方向に加え，全体を等加速度運動させる。ただし，糸は水平であるものとする。

問1　物体 A と物体 B の加速度の大きさ a を表す式として正しいものを，次の ①〜⑥ のうちから一つ選べ。

　　① $\dfrac{F}{2M}$　　　　② $\dfrac{F}{2m}$　　　　③ $\dfrac{F}{2(M+m)}$

　　④ $\dfrac{F}{M}$　　　　⑤ $\dfrac{F}{m}$　　　　⑥ $\dfrac{F}{M+m}$

問2　物体 A と物体 B をつなぐ糸の張力の大きさ T を表す式として正しいものを，次の ①〜⑥ のうちから一つ選べ。

　　① $\dfrac{m}{M+m}F$　　② $\dfrac{M+m}{m}F$　　③ $\dfrac{M+m}{M}F$

　　④ $\dfrac{M}{M+m}F$　　⑤ $\dfrac{M}{m}F$　　　⑥ $\dfrac{m}{M}F$

★★*24* 【5分・8点】

図のように，質量 m のおもり A と質量 M のおもり B を質量の無視できる糸で連結し，A を手で支えた。手から A に大きさ F の力を加えたところ，A と B は鉛直上向きに一定の加速度で上昇した。ただし，重力加速度の大きさを g とする。

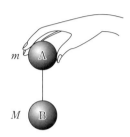

問1　A と B の加速度の大きさはいくらか。

① $\dfrac{F}{m}-g$　② $\dfrac{F}{M}-g$　③ $\dfrac{F}{M+m}-g$　④ $\dfrac{F}{M+m}$

問2　B が糸から受ける力の大きさはいくらか。

① F　② mg　③ Mg　④ $\dfrac{m}{M+m}F$

⑤ $\dfrac{M}{M+m}F$　⑥ $F-mg$　⑦ $F-Mg$

★★25【7分・12点】

　図のように，質量がそれぞれ M および m（$M>m$）の球A，Bを，軽くて伸び縮みしない糸で結び，その糸を天井につるした滑車にかけた。いま，Aを手で支えて，両球の高さ（床から球の下端までの距離）が等しくなるようにして静止させたのち，手をはなす。A，Bのその後の運動について，次の問いに答えよ。ただし，両球のはじめの高さを h とし，重力加速度の大きさを g とする。

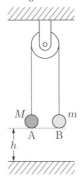

　球Aは，床に衝突するまで一定の加速度で落下する。このとき，糸の張力の大きさを T，Aの加速度の大きさ a とする。

問1　AとBの運動方程式として正しいものを一つずつ選べ。

　　A 　1 　　B 　2

　① $ma=T-(M-m)g$ 　　② $ma=T+(M-m)g$

　③ $ma=T-mg$ 　　④ $ma=T+mg$

　⑤ $Ma=(M-m)g-T$ 　　⑥ $Ma=(M-m)g+T$

　⑦ $Ma=Mg-T$ 　　⑧ $Ma=Mg+T$

問2　a はいくらか。

　① $\dfrac{M}{M+m}g$ 　② $\dfrac{m}{M+m}g$ 　③ $\dfrac{M-m}{M+m}g$ 　④ $\dfrac{M-m}{M}g$ 　⑤ $\dfrac{M-m}{m}g$

問3　球Aが落下して床に衝突する直前のBの速さはいくらか。

　① $\dfrac{1}{2}\sqrt{ah}$ 　② $\sqrt{\dfrac{1}{2}ah}$ 　③ $\sqrt{ah}$ 　④ $\sqrt{2ah}$ 　⑤ $2\sqrt{ah}$

★★★*26* 【8分・12点】

問1 次の文章中の空欄 $\boxed{1}$・$\boxed{2}$ に入れる式として正しいものを一つずつ選べ。ただし，大気圧を p_0，水面からの深さ h の点における圧力を p，水の密度を ρ，重力加速度の大きさを g とする。

図1の水面の面積 S の部分に大気からはたらく力の大きさは $\boxed{1}$ である。水面から深さ h の部分の水柱を考える。水柱の断面積を S とすると，水柱の重さは $\boxed{2}$ である。水柱にはたらく力のつりあいを考えると，$p=\boxed{3}$ となる。

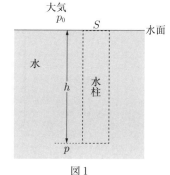

図1

① $\dfrac{p_0}{S}$ ② $p_0 S$ ③ $\rho S h$

④ $\rho S h g$ ⑤ $p_0 + \rho h$ ⑥ $p_0 + \rho h g$

問2 水面からの深さ $100\,\mathrm{m}$ と $200\,\mathrm{m}$ の点における圧力の差は何 $\mathrm{Pa}\,(=\mathrm{N/m^2})$ か。ただし，水の密度 ρ を $1.0\times10^3\,\mathrm{kg/m^3}$，重力加速度の大きさ g を $9.8\,\mathrm{m/s^2}$ とする。

$\boxed{}\mathrm{Pa}$

① 9.8 ② 9.8×10^2 ③ 9.8×10^3 ④ 9.8×10^4 ⑤ 9.8×10^5

⑥ 9.8×10^6

問3 底面積 S の円筒形のコップを密度 ρ の液体につけてから持ち上げたところ，図2のように，コップ内外の液面の高さの差が h となった。コップ内部の空気の圧力 P を表す式として正しいものを一つ選べ。ただし，大気圧を P_0，重力加速度の大きさを g とする。$P=\boxed{}$

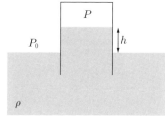

図2

① $P_0 - \rho g h$ ② $P_0 - \rho g h S$ ③ $P_0 - \dfrac{\rho g h}{S}$

④ $P_0 + \rho g h$ ⑤ $P_0 + \rho g h S$ ⑥ $P_0 + \dfrac{\rho g h}{S}$

★★27　【5分・12点】

　図のように，底面積 S，高さ h の円柱が密度 ρ の液体中にある。液面と円柱の上面の距離を x とする。ただし，重力加速度の大きさを g とする。

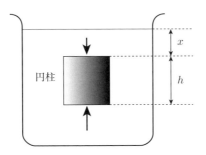

問1　次の文中の空欄　1　・　2　に入れる式として正しいものを一つずつ選べ。

　液体中の圧力は，深さに比例する圧力（水圧）と大気圧 p_0 の和になることを考慮すると，円柱の上面にはたらく力の大きさは　1　，下面にはたらく力の大きさは　2　である。

　① $p_0S+\rho Sxg$　　② $-p_0S+\rho Sxg$　　③ $p_0S+\rho S(h+x)g$
　④ $-p_0S+\rho S(h-x)g$

問2　円柱にはたらく浮力の大きさはいくらか。

　① ρSxg　　　　② ρShg　　　　③ $\rho S(h-x)g$　　④ $\rho S(h+x)g$

★★★ **28** 【6分・12点】

問1 次の文章中の空欄 | 1 |・| 2 | に入れる語と記号の組合せとして最も適当なものを，それぞれの直後の{ }で囲んだ選択肢のうちから一つずつ選べ。

月面に実験室を作り，実験室内の気圧と温度が地球表面(地上)と同じになるようにした。ただし，月面の実験室での重力加速度の大きさは，地上での大きさの$\frac{1}{6}$であるとする。

月面の実験室で球形の物体 A 全体が水中に沈んでいる。物体 A にはたらいている浮力の大きさは，地球表面(地上)で全体が水中に沈んでいるときの浮力の大きさ

| 1 | { ① に等しい。 ② より大きい。 ③ より小さい。 }

また，球形の物体 B は地上で図1のように水に浮かんだ。月面の実験室では，

物体 B は図2の | 2 | { ① (a) ② (b) ③ (c) } のように水に浮かぶ。

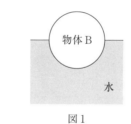

図1

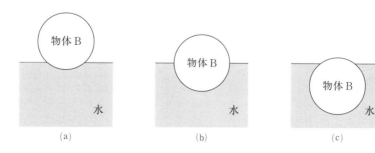

(a)   (b)   (c)

図2

問2　図3のように，質量 m，体積 V の物体をばね定数 k のばねの先端に取り付け，密度 ρ の液体に完全に沈めたところ，ばねが自然の長さから x だけ伸びた状態でつりあった。液体の密度 ρ はいくらか。ただし，重力加速度の大きさを g とし，ばねの質量および体積は無視できるものとする。$\rho=$ □

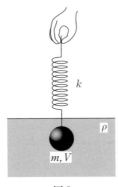

図3

①　$\dfrac{m}{V}$　　②　$\dfrac{kx}{Vg}$　　③　$\dfrac{kx-mg}{Vg}$　　④　$\dfrac{mg+kx}{Vg}$　　⑤　$\dfrac{mg-kx}{Vg}$

§3	仕事と力学的エネルギー

*29 【5分・8点】

　図のように，質量 0.50 kg の小球が水平な床の上で一直線に運動している。小球が点 O を速さ 4.0 m/s で通過し，その後，点 P まで小球に大きさ 2.0 N の一定の力を小球の進行方向に加えた。OP 間の距離は 30 m であった。

問1　小球に加えた力が OP 間で小球にした仕事はいくらか。　□ J

　　① 15　　② 30　　③ 40　　④ 60　　⑤ 80

問2　小球が点 O と点 P を通過するときの運動エネルギーは，それぞれいくらか。

　　点O　 1 　J　　点P　 2 　J

　　① 4.0　　② 8.0　　③ 16　　④ 64　　⑤ 68　　⑥ 76

★**30**　【5分・8点】

　図のように，水平面と角度 θ をなすなめらかな斜面上に，質量 m の小物体を置く。小物体に力を加え，斜面に沿って位置 P から Q までゆっくりと高さ h だけ引き上げた。ただし，重力加速度の大きさを g とする。

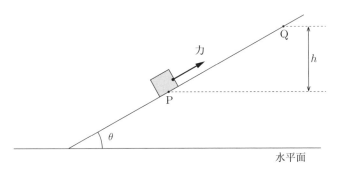

問1　小物体に加えた力がした仕事を表す式として正しいものを，下の①〜④のうちから一つ選べ。

　　① mgh　　② $mgh\sin\theta$　③ $\dfrac{mgh}{\sin\theta}$　④ $mgh\cos\theta$

小物体を位置 Q から静かに放した。

問2　小物体が位置 P を通過するときの運動エネルギーを表す式として正しいものを，下の①〜⑤のうちから一つ選べ。

　　① mgh　　② $mgh\sin\theta$　③ $\dfrac{mgh}{\sin\theta}$　④ $mgh\cos\theta$　⑤ $\dfrac{mgh}{\cos\theta}$

**31　【5分・8点】

　なめらかな斜面上での小物体の運動を考えよう。空気抵抗は無視できるものとする。

問1　図1に示すように，斜面上の点Pで小物体を時刻 $t=0$ で静かに放したところ，小物体は斜面を滑り落ちた。小物体の運動エネルギーの変化を表すグラフとして最も適当なものを，下の①〜④のうちから一つ選べ。

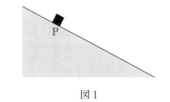

図1

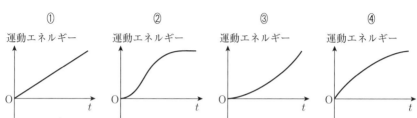

問2　図2(a)〜(c)に示すように，斜面上の点Pから，3通りの方法で小物体を運動させた。その後，いずれの場合も小物体は点Pより下方の点Qを通過した。(a)〜(c)の場合の点Qでの速さを，それぞれ，v_a，v_b，v_c とする。v_a，v_b，v_c の大小関係として最も適当なものを，下の①〜⑥のうちから一つ選べ。

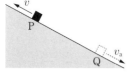

(a)　斜面に沿って上向きに速さ v で打ち出す。

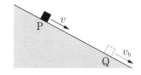

(b)　斜面に沿って下向きに速さ v で打ち出す。

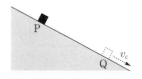

(c)　斜面上で静かに放す。

図2

① $v_a > v_b > v_c$　　② $v_c > v_b > v_a$　　③ $v_a > v_c > v_b$

④ $v_b > v_c > v_a$　　⑤ $v_a = v_b = v_c$　　⑥ $v_a = v_b > v_c$

⋆⋆32 【7分・12点】

　　ブランコ遊びによって，物理で学習する振り子の運動を体験することができる。この体験をもとに振り子の運動を考えてみよう。

　　図は，振り子のおもりを左端から右端に運動させたとき，一定時間ごとのおもりの位置を示したものである。この図に関する下の問いに答えよ。ただし，空気の抵抗，および糸の質量は無視できるものとする。また，点 A，D は，それぞれおもりの運動の最下点，最高点とする。

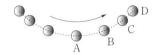

問1　図の B の位置では，おもりにどのような力がはたらいているか。おもりにはたらく力を示す矢印として最も適当なものを一つ選べ。ただし，図にはおもりの糸も書き加えてある。

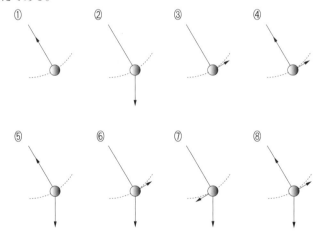

問2　次の文章中の空欄 ア ～ ウ に入る語句の組合せとして最も適当なもの を一つ選べ。

振り子のおもりが最下点Aから最高点Dに向かっているとする。このとき，A 点ではおもりの ア が最大になり，D点では イ が最大になる。その途中で は， ア の減少分が イ の増加分になり，このときの力学的エネルギーは， D点での力学的エネルギーに ウ 。

	ア	イ	ウ
①	運動エネルギー	位置エネルギー	比べて大きい
②	運動エネルギー	位置エネルギー	比べて小さい
③	運動エネルギー	位置エネルギー	等しい
④	位置エネルギー	運動エネルギー	比べて大きい
⑤	位置エネルギー	運動エネルギー	比べて小さい
⑥	位置エネルギー	運動エネルギー	等しい

問3　図で，ある点での振り子の速さが，最下点Aでの速さの半分であったという。 A点から測ったこの点の高さはいくらか。ただし，A点から測ったD点までの高 さをhとする。

① $\dfrac{h}{8}$　② $\dfrac{h}{4}$　③ $\dfrac{h}{2}$　④ $\dfrac{3h}{4}$　⑤ $\dfrac{7h}{8}$

**33 【5分·8点】

　図のように，長さ ℓ の軽い糸の一端を天井に取り付け，他端に質量 m の小球を取り付けた。糸が鉛直下向きと角度 θ をなす点Pで小球を静かに放すと，小球は鉛直面内で運動した。ただし，重力加速度の大きさを g とし，空気の抵抗は無視できるものとする。

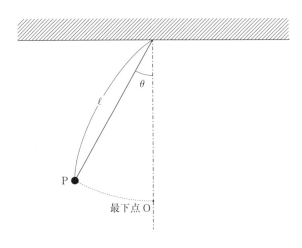

問1　点Pにおいて小球にはたらく重力の，糸に平行な成分と，糸に垂直な成分の大きさを表す式の組合せとして正しいものを，次の①〜⑨のうちから一つ選べ。

	糸に平行な成分	糸に垂直な成分
①	0	mg
②	0	$mg\sin\theta$
③	0	$mg\cos\theta$
④	$mg\sin\theta$	mg
⑤	$mg\sin\theta$	$mg\sin\theta$
⑥	$mg\sin\theta$	$mg\cos\theta$
⑦	$mg\cos\theta$	mg
⑧	$mg\cos\theta$	$mg\sin\theta$
⑨	$mg\cos\theta$	$mg\cos\theta$

問2　小球が最下点 O を通過するときの，小球の速さ v を表す式として正しいもの
を，次の ①〜⑧ のうちから一つ選べ。$v=\boxed{}$

① $\sqrt{g\ell(1-\cos\theta)}$ 　　　② $\sqrt{g\ell(1-\sin\theta)}$

③ $\sqrt{g\ell(1+\cos\theta)}$ 　　　④ $\sqrt{g\ell(1+\sin\theta)}$

⑤ $\sqrt{2g\ell(1-\cos\theta)}$ 　　　⑥ $\sqrt{2g\ell(1-\sin\theta)}$

⑦ $\sqrt{2g\ell(1+\cos\theta)}$ 　　　⑧ $\sqrt{2g\ell(1+\sin\theta)}$

★★34　【3分・8点】

　図のように，水平なグラウンドで一点 O から小さなボールを斜め方向に速さ v_0 で
投げ上げた。ボールは最高点に達した後，点 P に落下した。空気の影響は無視でき
るものとし，重力加速度の大きさを g とする。

問1　ボールの水平方向の運動は $\boxed{1}$ であり，鉛直方向の運動は $\boxed{2}$ である。
このような運動を放物運動という。

$\boxed{1}$・$\boxed{2}$ の解答群

① 等速度運動　　② 等加速度運動

問2　ボールが最高の高さ H に達したとき，ボールの速さはいくらか。

① v_0 　② $v_0-\sqrt{gH}$ 　③ $v_0-\sqrt{2gH}$ 　④ $\sqrt{v_0{}^2-gH}$ 　⑤ $\sqrt{v_0{}^2-2gH}$

35 【5分·8点】

図のように，ばね定数 k，自然の長さ ℓ のばねの両端を引いたところ，自然の長さからの伸びが x になり，両端に加えた力の大きさは F になった。

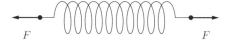

問1　伸び x を表す式として正しいものを，次の ①〜⑥ のうちから一つ選べ。

①　$\dfrac{F}{2k}$　　　②　$\dfrac{F}{k}$　　　③　$\dfrac{2F}{k}$

④　$\dfrac{kF}{2}$　　　⑤　kF　　　⑥　$2\,kF$

問2　ばねを伸ばすときに，両端に加えた力のした仕事は合わせていくらになるか。正しいものを，次の ①〜⑧ のうちから一つ選べ。

①　$\dfrac{kx}{2}$　　②　kx　　③　$\dfrac{k(x+\ell)}{2}$　　④　$k(x+\ell)$

⑤　$\dfrac{kx^2}{2}$　　⑥　kx^2　　⑦　$\dfrac{k(x+\ell)^2}{2}$　　⑧　$k(x+\ell)^2$

36 【5分·8点】

図のように，一端を壁に固定したばねの他端におもりをつけて，水平でなめらかな台の上におく。壁からおもりの中心までの距離を x とすると，ばねが自然の長さのとき $x=a$ であった。このおもりを $x=a+b$ のところで静かに放すと，おもりは $x=a$ の点を中心に振動する。ただし，ばねの質量は無視できるものとする。

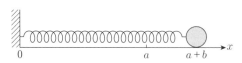

問1　おもりの運動エネルギーと x との関係を表すグラフとして最も適当なものを一つ選べ。

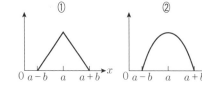
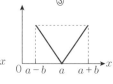
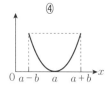

問2　おもりの質量を m, ばね定数を k として, おもりの最大の速さはいくらか。

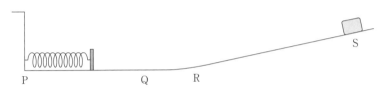

★★37　【5分・8点】

　図のように, 水平面 PQ と傾き一定の斜面 RS が, なめらかにつながっている。この面 PQRS 上を運動する小物体を考える。水平面 PQ 上に, 一端が壁に固定され, 他端に軽い板が取り付けられた軽いばねがある。小物体と軽い板に作用する摩擦および空気の抵抗は無視できるものとする。

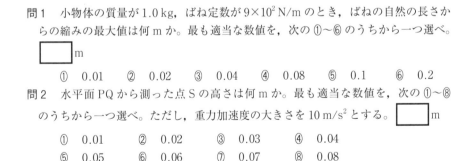

　小物体を, 点 S から斜面に沿って下向きに速さ 0.10 m/s で打ち出したところ, 小物体は速さ 1.2 m/s で点 Q を通過した後に等速直線運動をして, 板に到達してばねを押し縮めた。

問1　小物体の質量が 1.0 kg, ばね定数が 9×10^2 N/m のとき, ばねの自然の長さからの縮みの最大値は何 m か。最も適当な数値を, 次の ①〜⑥ のうちから一つ選べ。
　□ m

　① 0.01　② 0.02　③ 0.04　④ 0.08　⑤ 0.1　⑥ 0.2

問2　水平面 PQ から測った点 S の高さは何 m か。最も適当な数値を, 次の ①〜⑧ のうちから一つ選べ。ただし, 重力加速度の大きさを 10 m/s² とする。□ m

　① 0.01　　② 0.02　　③ 0.03　　④ 0.04
　⑤ 0.05　　⑥ 0.06　　⑦ 0.07　　⑧ 0.08

★★38 【5分・8点】

バンジージャンプをモデル化して考えてみよう。

床に高さ L のスタンドを置き，図1のように，自然の長さ ℓ のゴムひもを取り付ける。ゴムひもの他端には小球が取り付けられるようになっており，ゴムひもの重さは無視できるものとする。ゴムひもの弾性力は，ゴムひもの自然の長さからの伸びに比例する。その比例定数を k とし，重力加速度の大きさを g とする。

問1　ゴムひもの下端に質量 m の小球を取り付けると，小球は床まで届かず，図2のようにゴムひもの長さが $\frac{5}{4}\ell$ になってつり合った。このとき，ゴムひもに蓄えられているエネルギーはいくらか。

① $\dfrac{25}{32}k\ell^2$　　② $\dfrac{1}{32}k\ell^2$　　③ $\dfrac{25}{32}k^2\ell^2$　　④ $\dfrac{1}{32}k^2\ell^2$

問2　図3のように，スタンドの高さから小球を静かに放して鉛直に落下させたところ，床に衝突する直前の小球の速さが0であった。ゴムひもの自然の長さ ℓ はいくらか。

① $L-\sqrt{\dfrac{mgL}{k}}$　　② $L-\sqrt{\dfrac{2mgL}{k}}$　　③ $L-\sqrt{\dfrac{mgL}{k^2}}$　　④ $L-\sqrt{\dfrac{2mgL}{k^2}}$

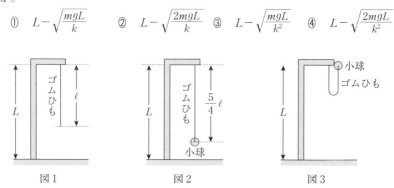

図1　　　　　　　図2　　　　　　　図3

39 【5分・8点】

　ウィンタースポーツの一つであるカーリングでは，氷上で，石でできたストーンと呼ばれるものを手で押して滑らせる。ストーンの運動について，次の問いに答えよ。

問1　図1のような水平な氷の面上でストーンを滑らせた。ストーンは，A点の手前で手を離れたのちD点を通過して滑り続けた。AB間とCD間では，ストーンと氷の面の間に同じ大きさの摩擦力がはたらくが，BC間では摩擦力ははたらかない。このときストーンがA点とB点を通過したときの運動エネルギーを，それぞれKと$\frac{3}{4}K$とする。D点を通過したときの運動エネルギーとして正しいものを一つ選べ。ただし，AB間とCD間の距離は等しく，ストーンの大きさや空気抵抗は無視するものとする。

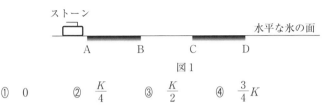

図1

①　0　　　　②　$\frac{K}{4}$　　　　③　$\frac{K}{2}$　　　　④　$\frac{3}{4}K$

問2　図2のように，左側から水平な氷の面上を滑ってきたストーンが，E点を通過して氷でできた斜面をある高さまで上った。その後，ストーンは逆戻りをして斜面を滑り降り，再びE点を通過した。ストーンと氷の斜面との間に摩擦力

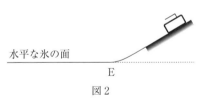

図2

がはたらくとすると，摩擦力がはたらかない場合と比べて，ストーンが斜面を上る高さ，およびE点に戻ったときの速さはどのようになるか。最も適当な組合せを一つ選べ。

	上る高さ	E点に戻ったときの速さ
①	変わらない	変わらない
②	変わらない	遅くなる
③	低くなる	変わらない
④	低くなる	遅くなる

★★★ **40**　【8分・12点】

　図のように，水平面と θ の角度をなす長さ ℓ の斜面がある。斜面の上端に質量 m の小物体を静かに置いたところ，滑り始めた。重力加速度の大きさを g とする。

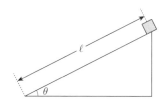

問1　小物体が斜面の上端から下端まで滑り降りる間に，重力がした仕事 W_1 と摩擦力がした仕事 W_2 はいくらか。ただし，小物体と斜面との間の動摩擦係数を μ' とする。$W_1=$ 1 ，$W_2=$ 2

　　① $-\mu' mg\ell \sin\theta$　　② $\mu' mg\ell \sin\theta$　　③ $-\mu' mg\ell \cos\theta$　　④ $\mu' mg\ell \cos\theta$

　　⑤ $-mg\ell \sin\theta$　　⑥ $mg\ell \sin\theta$　　⑦ $-mg\ell$　　⑧ $mg\ell$

問2　小物体が斜面の下端に達したときの運動エネルギーはいくらか。

　　① $mg\ell(\sin\theta - \mu' \cos\theta)$　　　② $mg\ell(\sin\theta + \mu' \cos\theta)$

　　③ $mg\ell(\cos\theta - \mu' \sin\theta)$　　　④ $mg\ell(\cos\theta + \mu' \sin\theta)$

問3　条件をいろいろ変えて小物体を斜面の上端に静かに置いた。空気の抵抗が無視できる場合に，正しい結果と考えられるものを一つ選べ。

　　① 角度 θ をどのように変えても，小物体は必ず滑り出した。

　　② 斜面の長さを長くすると，滑り出した小物体が止まった。

　　③ 小物体の質量のみを変えると，小物体の加速度の大きさが変わった。

　　④ 小物体の質量のみを変えても，下端での速度は変わらなかった。

　　⑤ 小物体の加速度の大きさは角度 θ によらなかった。

第2章 熱

§1 熱と温度

*41 【4分・8点】

100 g の水に熱を加えたところ温度が 2.0℃ 上昇した。ただし，水の比熱を 4.2 J/(g·K) とする。

問1 このとき水が吸収した熱量はいくらか。 ☐ J

① 120 ② 210 ③ 420 ④ 840

問2 水が吸収した熱量と同じ熱量を 100 g の氷に吸収させた。氷の温度は何℃上昇するか。ただし，氷の比熱を 2.1 J/(g·K) とする。 ☐ ℃

① 0.5 ② 1.0 ③ 2.0 ④ 4.0

**42 【5分・8点】

問1 熱に関する記述として最も適当なものを一つ選べ。
① 同じ質量の物体に等量の熱を与えたとき，温度上昇が大きい方が比熱は大きい。
② 物体を構成している分子または原子の熱運動の激しさの程度を，われわれは温度の高低として感じる。
③ 比重の大きい物質は，比熱も大きい。
④ 温度の異なる物体が接触すると，熱は低温の物体から高温の物体に移る。
⑤ 氷が熱を吸収して水に変わる現象は可逆変化である。

問2 10℃ で 1000 g の水が入った鉄なべを，毎分 5.0×10^5 J の熱を発生しているガスコンロにのせた。コンロの熱の 10 % が鉄なべと水に伝わるとしたとき，水の温度が 90℃ に達するまでに何分かかるか。ただし，鉄なべの質量を 2000 g，鉄の比熱を 0.4 J/(g·K)，水の比熱を 4.2 J/(g·K) とする。 ☐ 分

① 2 ② 4 ③ 6 ④ 8 ⑤ 10 ⑥ 12

***43** 【8分・12点】

　断熱材で囲まれた図のような容器に，20℃の水 200 g が入っている。この水の中に 65℃ に温められた 500 g の金属球を入れて，かくはん棒で静かにかき混ぜ続けた。しばらくすると水温は 30℃ で一定になった。ただし，水と金属球以外の熱量は無視できるとする。

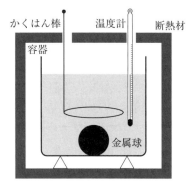

問1　金属球の比熱はいくらか。ただし，水の比熱を 4.2 J/(g・K) とする。

　　　□ J/(g・K)

　　① 0.09　　② 0.12　　③ 0.48　　④ 0.67
　　⑤ 1.2　　⑥ 4.8　　⑦ 8.8　　⑧ 12

問2　金属球を水に入れた瞬間から熱平衡になるまでの，金属球と水の温度変化を表す図として最も適当なものを一つ選べ。ただし，金属球の温度は一様とする。

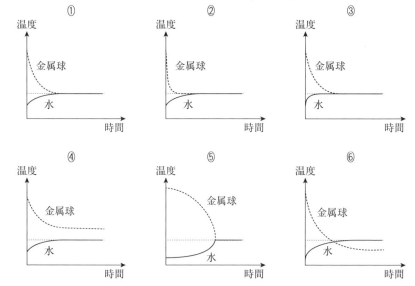

問3　金属球の比熱を，前の実験と同じ手順，同じ条件でもう一度測定しようとした。ところが，あたためた金属球を熱量計に入れる直前に，水の一部が断熱材の外部にこぼれてしまった。

　次の文章は，この実験に関する生徒たちの会話である。生徒たちの説明が科学的に正しい考察になるように，次の文章中の空欄に入れる語句の組合せとして最も適当なものを，下の選択肢のうちから一つ選べ。

「こぼれた水の質量は不明だけど，水の熱容量は　ア　なったね。」

「初めと同じ条件で実験すると，ゆっくりかき混ぜた後の全体の温度は，水をこぼさなかった実験に比べて　イ　なるはずだね。」

「測定した温度から比熱を計算してみよう。」

「水がこぼれたことを無視して比熱を計算してみると，正しい比熱の値より　ウ　なるはずだね。」

	ア	イ	ウ
①	小さく	低く	小さく
②	小さく	低く	大きく
③	小さく	高く	小さく
④	小さく	高く	大きく
⑤	大きく	低く	小さく
⑥	大きく	低く	大きく
⑦	大きく	高く	小さく
⑧	大きく	高く	大きく

★*44*　【4分・8点】

次の図は物質の三態における分子の状態，およびその間の状態変化を表している。

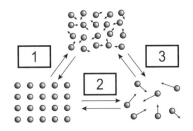

問1　図中の　1　～　3　に入る状態変化を表す語句として正しいものはどれか。
　①　融解　　②　蒸発　　③　昇華　　④　凝縮　　⑤　凝固
問2　状態変化について，正しくないものはどれか。
　①　状態変化のときに必要な融解熱や蒸発熱のことを潜熱という。
　②　純物質を加熱して状態を変化させるとき，温度が上がる。
　③　水を冷やして氷にした。このとき体積が増え，密度が減る。

⋆⋆45　【6分・12点】

　物質は，熱していくにつれて温度が変化し，さまざまな状態を私たちに見せてくれる。図は，物質が H_2O の場合に，1気圧の下で，一定の割合で熱量を加えたときの温度の変化の様子をグラフにしたものである。ただし，領域 I〜V は H_2O のさまざまな状態を示している。

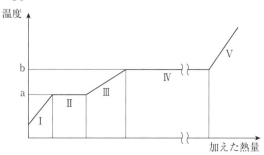

問1　図の領域Ⅳと領域Ⅴは，それぞれどういう状態か。

　領域Ⅳ　| 1 |　　　領域Ⅴ　| 2 |

　　① 水　　② 水蒸気　　③ 氷　　④ 氷と水の共存　　⑤ 水と水蒸気の共存
　　⑥ 氷と水蒸気の共存

問2　図の a と b の温度はそれぞれ何 K か。a | 1 | K　　　b | 2 | K

　　① 0　　　② 100　　　③ 273　　　④ 373

問3　図のグラフの傾きから判断すると，1気圧の下での水の比熱と水蒸気の比熱はどちらが大きいか。

　　① 水の比熱の方が大きい。
　　② 水蒸気の比熱の方が大きい。
　　③ 同じ大きさである。

****46** 【5分·8点】

水道水などの生活に利用される水に関する次の問いに答えよ。

問1　水道水をガラスのコップに入れ，氷を加えてかき混ぜて氷水（こおりみず）を作り，暖かい室内でしばらく放置したところ，コップの側面に水滴がついた。この現象の説明に関する次の文章中の空欄 ア ～ ウ に入る語句の組合せとして最も適当なものを一つ選べ。

空気の温度に比べて，氷水の温度が低いので，熱は ア に伝わる。コップの側面についた水滴は，コップが氷水により冷やされて温度が低くなり， イ 生じたものである。この水滴は，水滴になる過程で熱を ウ する。

	ア	イ	ウ
①	氷水から空気	氷水がコップからしみ出て	放　出
②	氷水から空気	氷水がコップからしみ出て	吸　収
③	氷水から空気	空気中の水蒸気が凝縮して	放　出
④	氷水から空気	空気中の水蒸気が凝縮して	吸　収
⑤	空気から氷水	氷水がコップからしみ出て	放　出
⑥	空気から氷水	氷水がコップからしみ出て	吸　収
⑦	空気から氷水	空気中の水蒸気が凝縮して	放　出
⑧	空気から氷水	空気中の水蒸気が凝縮して	吸　収

問2　夏の晴れた日に，ためておいた雨水を利用して，町内の路地に打ち水をしたところ，地面と空気の温度が下がって涼しくなった。600 kg の空気の温度が 0.80 K 下がるとすると，空気から奪われた熱量は何ジュール（J）か。ただし，空気の比熱を $1.0\,\mathrm{J/(g\cdot K)}$ とする。　　　 J

①　0.75　　②　4.8×10^2　　③　7.5×10^2　　④　4.8×10^5　　⑤　7.5×10^5

⋆⋆47 【5分・8点】

南極の氷原に質量 2.0 kg の隕鉄(鉄を主成分とする隕石)が落下した。氷原に衝突する直前の隕鉄の温度は 1400℃ であり,運動エネルギーは 1.0×10⁶ J であった。

問1　氷原に衝突する直前の隕鉄の速さはいくらか。 □ m/s

①　40　　②　100　　③　200　　④　400　　⑤　1000　　⑥　1600

問2　隕鉄は氷原に衝突した後,衝突地点周辺の氷を融解して 0℃ まで冷えた。隕鉄がこのとき失った熱エネルギーと運動エネルギーのすべてが 0℃ の氷を融かして 0℃ の水に変えるのに使われるとすると,何 kg の氷が融けることになるか。ただし,隕鉄の比熱は 0.72 J/(g·K) であり,温度によらないものとする。また,1.0 g の氷を融解させるのに必要なエネルギーは 335 J とする。 □ kg

①　1.0　　②　3.0　　③　9.0　　④　10　　⑤　30　　⑥　90

⋆⋆⋆48 【5分・8点】

比熱が 0.25 J/(g·K) の固体に毎秒 4.0 J の熱量を与えていったところ,温度が図のように時間とともに変化し,融解して液体に変化した。

問1　この固体の熱容量はいくらか □ J/K

①　0.25　　②　0.50　　③　1.5
④　2.5　　⑤　4.0

問2　この物質の融解熱はいくらか □ J/g

①　7.5　　②　15　　③　30
④　60　　⑤　120

49 【5分·8点】

問1　セ氏温度が0℃のとき，長さがL_0の金属棒がある。この金属棒の線膨張率をαとすると，0℃からの温度上昇がΔTのときの金属棒の長さは，

$$L = L_0(1 + \alpha \Delta T)$$

である。$L_0 = 20\,\mathrm{m}$とすると，金属棒の温度が50℃になったとき，金属棒の長さLはL_0に比べて，1.0 cmだけ増加した。αはいくらか。$\alpha = \boxed{} \times 10^{-5}$ /K

① 0.50　　② 1.0　　③ 1.5　　④ 2.0

問2　図のように細いガラス管をアルミニウム製の輪にはめ，ガラス管を手で支えた。室温ではガラス管の外径と輪の内径はちょうど等しく，輪はガラス管に固定され落下することなく静止していた。ガラス管と輪に熱を加えて温度を上げたところ，隙間が生じて輪は落下した。隙間ができた原因について説明した文の空欄 $\boxed{\text{ア}}$ ・ $\boxed{\text{イ}}$ に入れる言葉の組合せとして最も適当なものを選べ。

ガラス管
アルミニウム製の輪

　ガラス管とアルミニウム製の輪はともに外側に膨張するので，ガラス管の外径，アルミニウム製の輪の内径ともに大きくなるが，アルミニウムの線膨張率の方がガラスの線膨張率より $\boxed{\text{ア}}$ ので，アルミニウム製の輪の内径の方がガラス管の外径よりも $\boxed{\text{イ}}$ なる。

	ア	イ
①	大きい	大きく
②	大きい	小さく
③	小さい	大きく
④	小さい	小さく

---

§2 仕事と熱

★50 【6分・10点】

ジュールは 1847 年に，図のような装置を用いておもりの降下と水の温度上昇の関係を調べる実験を行った。

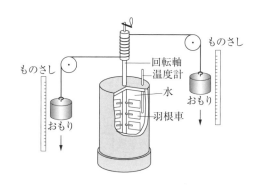

a　質量が 1.5 kg の二つのおもりが，それぞれ 3.0 m 降下したとき，二つのおもりが失った位置エネルギーの合計は ［ 1 ］ J である。ただし，重力加速度は 9.8 m/s² とする。

b　おもりが降下するにつれて羽根車が回転する。その羽根車の回転により，質量が 210 g の水の温度が 0.10 K 上昇した。このとき，水が得た熱量は ［ 2 ］ cal である。ただし，水の比熱は 1.0 cal/(g・K) とする。

c　ジュールは，水の量やおもりの降下した距離をさまざまに変えてこのような実験をくり返して，［ 3 ］ という異なった種類のエネルギーの間の量的な関係を明らかにした。

問1　文章中の空欄 ［ 1 ］～［ 3 ］ に入れるのに最も適当なものを，次のそれぞれの解答群のうちから一つずつ選べ。

［ 1 ］の解答群

① 9　② 29　③ 44　④ 88

［ 2 ］の解答群

① 0.021　② 2.1　③ 21　④ 210

［ 3 ］の解答群

① おもりの位置エネルギーとおもりに作用する重力のした仕事

② おもりに作用する重力のした仕事と羽根の回転エネルギー

③ おもりに作用する重力のした仕事と水の温度を上昇させる熱量

④ 水に加えた熱量と水の温度を上昇させる熱量

問2　1 cal の熱量は何 J の仕事に相当するか。 ［ ］ J

① 0.24　② 0.48　③ 2.1　④ 4.2

★★*51* 【8分・12点】

図のように，熱を通さない容器とピストンが大気中に置かれている。容器内には気体が入っていて，ヒーターで暖めることができる。ヒーターに電流を流して5.0Jの熱量を気体に与えたところ，気体がゆっくり膨張し，ピストンがなめらかに右側へ移動した。このとき気体はピストンに2.0Jの仕事をした。

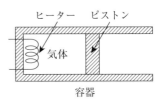

問1 気体の内部エネルギーはどれだけ増加したか。　　　　　J

① 2.0　　② 3.0　　③ 4.0　　④ 6.0　　⑤ 8.0

問2 次の文章中の空欄 ア ・ イ に入れる語句の組合せとして最も適当なものを一つ選べ。

気体の内部エネルギーは，分子の運動エネルギーと分子間にはたらく力による位置エネルギーの和であり，後者は前者に比べて無視できる。気体を構成する分子はさまざまな方向に運動しているが，温度が ア ほど，この運動は激しく，内部エネルギーは イ 。

	ア	イ
①	低い	小さい
②	低い	大きい
③	高い	小さい
④	高い	大きい

問3 ピストンの移動距離が0.20mのとき，気体がピストンに及ぼす力の大きさはいくらか。ただし，気体の圧力は一定である。　　　　N

① 0.40　　② 0.80　　③ 4.0　　④ 8.0　　⑤ 10

**52 【5分・8点】

問1 熱機関が高温熱源から1000Jの熱を吸収し，低温熱源へ700Jの熱を放出した。この熱機関がする仕事 W と熱効率 e の値の組合せとして最も適当なものを選べ。

	W〔J〕	e〔%〕
①	300	30
②	300	70
③	1000	30
④	1000	70

問2 ディーゼルエンジンは，重油などを燃料として熱を仕事に変換する装置である。毎秒 $1.2×10^6$ J の仕事をするディーゼルエンジンについて考えよう。重油1 kg を燃焼させたときに発生する熱量は $4.2×10^7$ J である。このエンジンの熱効率が 40 % であるとき，10 時間稼働させるのに必要な重油は何 kg か。　　　 kg

① $3.5×10$ ② $1.0×10^2$ ③ $2.6×10^2$
④ $3.5×10^2$ ⑤ $1.0×10^3$ ⑥ $2.6×10^3$

第3章　波

§1　波の性質

53　【5分・10点】

問1　木の葉が浮かんでいる水面に，振動数 f の波が伝わっている。木の葉は波の波長 λ よりも十分小さいとする。このとき，木の葉はどのように運動するか。

① 周期 $\dfrac{2}{f}$ で振動するが，波とともには進まない。

② 周期 $\dfrac{2}{f}$ で振動しながら速さ $\dfrac{f\lambda}{2}$ で波とともに進む。

③ 周期 $\dfrac{1}{f}$ で振動するが，波とともには進まない。

④ 周期 $\dfrac{1}{f}$ で振動しながら，速さ $f\lambda$ で波とともに進む。

問2　次の文章中の空欄 1 ～ 3 に入れる語を一つずつ選べ。

　弦を伝わる波や音波は，媒質の振動形態が順次となりの媒質に伝わる波である。弦を伝わる波は，媒質が振動する方向と波が伝わる方向が垂直であり， 1 である。一方，空気中を伝わる音波は，媒質が振動する方向と波が伝わる方向が平行であり， 2 である。

　波の伝わる速さは， 3 に等しい。

① 縦波　　② 横波　　③ 波の振動数と波長の積

④ 波の同期と波長の積

★*54* 【5分·8点】

媒質の振動が x 軸の正の向きに速さ $20\ \mathrm{m/s}$ で伝わる振幅 A の波（正弦波）を考える。図は時刻 $t=0\ \mathrm{s}$ における媒質の変位と位置 x の関係を表すグラフである。

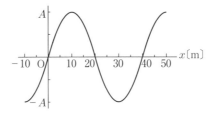

問1 この波の周期と波長は，それぞれいくらか。周期 [**1**] s　波長 [**2**] m

① 1.0　　② 2.0　　③ 4.0　　④ 10　　⑤ 20　　⑥ 40

問2 位置 $x=15\ \mathrm{m}$ での変位が時間 t とともにどのように変化するかを表す図として最も適当なものを一つ選べ。

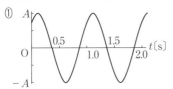 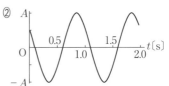

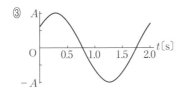 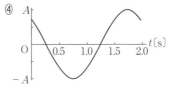

★★*55* 【8分・16点】

図1のように，ロープの端（$x=0$）を
振動させ，x軸の正の向きに伝わる横波
を観察した。ある時刻でのロープを伝わ
る正弦波の波形は，図2の実線のようで
あった。また，この波形は0.25秒後に

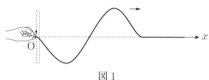

図1

破線のようになり，波の山はaからbまで進んだ。振動の減衰は無視できるものと
して以下の問いに答えよ。

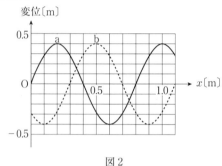

図2

問1　この波の振幅はいくらか。　□ m

　　① 0.40　　② 0.80　　③ 1.0　　④ 1.2

問2　この波の波長はいくらか。　□ m

　　① 0.40　　② 0.50　　③ 0.60　　④ 0.80　　⑤ 1.0

問3　この波の速さはいくらか。　□ m/s

　　① 0.40　　② 0.80　　③ 1.0　　④ 1.2

問4　この波の振動数はいくらか。　□ Hz

　　① 0.33　　② 0.38　　③ 0.67　　④ 0.75　　⑤ 1.3　　⑥ 1.5

★★56 【8分・12点】

気体中を x 軸に沿って音波（縦波）が進んでいる。図1は時刻 $t=0$ における場所ごとの気体の変位を表したグラフである。図2は場所 $x=0$ における気体の変位の時間変化を表したグラフである。ただし，気体の変位の符号は x 軸の正の方向を正としている。

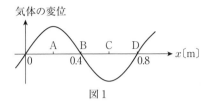

図1

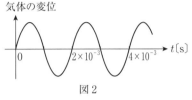

図2

問1 音波の波長と周期はそれぞれいくらか。波長 | 1 | m　周期 | 2 | s

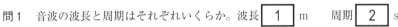

① 0.20 　　② 0.40 　　③ 0.80
④ 1.0×10⁻³ 　⑤ 2.0×10⁻³ 　⑥ 4.0×10⁻³

問2 この音波の速度はいくらか。ただし，x 軸の正の方向の速度を正とする。

 m/s

① −800 　② −400 　③ −200
④ 200 　　⑤ 500 　　⑥ 800

問3 図1に示した各点 A，B，C，D のうち，時刻 $t=0$ において気体が最も密な点はどこか。

① A 　② B 　③ C 　④ D

★★*57* 【8分・12点】

問1 図1のように，横波のパルス波が x 軸の正の向きに進行している。この波は x ＝0で反射した後，x 軸の負の向きに進行する。x＝0の点が自由端の場合と固定端の場合のそれぞれについて，反射した後の波形を表す図2の記号(a)～(d)の組合せとして最も適当なものを，下の①～⑧のうちから一つ選べ。ただし，以下の図の1目盛りの示す大きさはすべて等しいものとする。

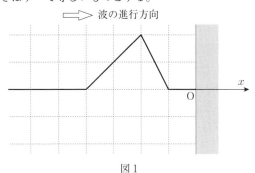

図1

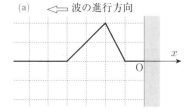

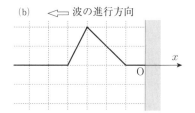

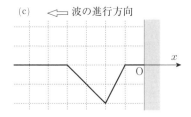

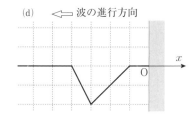

図2

	①	②	③	④	⑤	⑥	⑦	⑧
自由端	(a)	(a)	(b)	(b)	(c)	(c)	(d)	(d)
固定端	(c)	(d)	(c)	(d)	(a)	(b)	(a)	(b)

問2　時刻 0 s で図2のような波形をもつ波が，x 軸の正の向きに速さ 1 m/s で進み，その後 $x=0$ m の位置で反射する。自由端反射と固定端反射の各場合について，時刻 4 s の波形として最も適当なものを，下の ①〜⑥ のうちから一つずつ選べ。

自由端反射 | 1 |　　固定端反射 | 2 |

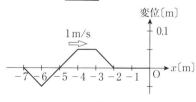

図2

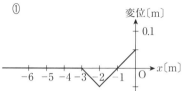

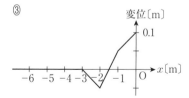

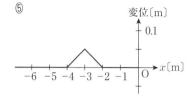

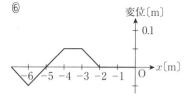

★★58 【6分・11点】

x 軸に沿って進む波長 λ の正弦波が固定
端で反射され，定常波が生じる様子を見て
みよう。図は固定端 $\mathrm{A}\left(x=\dfrac{9}{4}\lambda\right)$ に向かっ

て，x 軸の正方向に進む入射波の，時刻 t
$=0$ における波形を表している。波の周期を T とする。

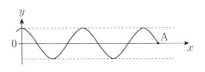

問1　時間経過，$t=0,\ \dfrac{T}{4},\ \dfrac{T}{2},\ \dfrac{3T}{4}$ にしたがって，入射波は上図→ 1 → 2

→ 3 ，反射波は 4 → 5 → 6 → 7 の順になる。ただし，反

射波は x 軸上の十分広い範囲に伝わっているものとする。

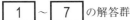

1 ～ 7 の解答群

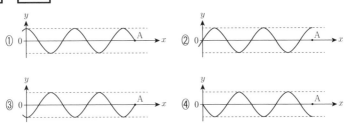

問2　固定端 A と $x=0$ の間 $\left(0\leqq x\leqq\dfrac{9}{4}\lambda\right)$ に定常波の節はいくつあるか。

①　3　　②　4　　③　5　　④　6

★★★59 【4分・8点】

図1のように，なめらかな水平面上につり合いの状態で長いばねを置き，長さ方向
に x 軸をとり，ばねの各点の位置を x 座標で表した。このとき，ばね上の点 A，B，
C はそれぞれ $x=0,\ \ell,\ 2\ell$ の位置にあった。次に，ばねの一端を長さ方向に一定の
振動数で振動させて，波長 ℓ の疎密波（縦波）をつくった。

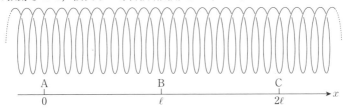

図1

問1 ある時刻のばねの状態を，ばねの各点の変位を y としてグラフに表そう。ただし，x 軸の正の向きへの変位を y 軸の正の値とし，x 軸の負の向きへの変位を y 軸の負の値とする。図2のような疎密波ができた状態を表すグラフとして最も適当なものを一つ選べ。ただし，この時刻では点 A，B，C の位置の変位はゼロであった。

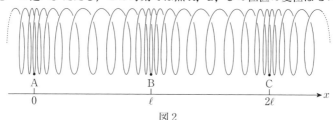

図2

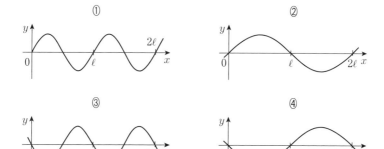

問2 次に，振動させているばねの端とは反対側の端を自由にしたところ，定常波が観測された。このとき，どのようなところで，ばねの疎密の変化は最大になるか。最も適当なものを一つ選べ。ただし，ばねが振動していないときの自由なばねの端の位置を $x = x_0$ とする。

① x_0 からの距離が，$\dfrac{\ell}{2}$，$\dfrac{3\ell}{2}$，$\dfrac{5\ell}{2}$，… となるところ

② x_0 からの距離が，$\dfrac{\ell}{4}$，$\dfrac{3\ell}{4}$，$\dfrac{5\ell}{4}$，… となるところ

③ x_0 からの距離が，0，ℓ，2ℓ，3ℓ，… となるところ

④ x_0 からの距離が，0，$\dfrac{\ell}{2}$，ℓ，$\dfrac{3\ell}{2}$，… となるところ

§2 音　波

60 【5分・8点】

音などで起こる「うなり」という現象を考える。

図1(a)と(b)は，わずかに異なる二つの振動数 f_1 と f_2 の波（$f_1 > f_2$）の，ある位置での時間と変位の関係を示している。図1(c)は二つの波を一つの図の中に描いたものである。

振動数 f_1 の波

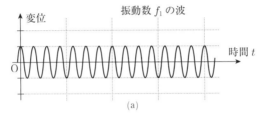

(a)

振動数 f_2 の波

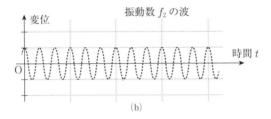

(b)

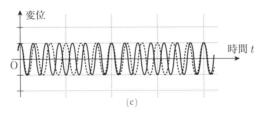

(c)

図1

問1 これら二つの波の合成波の，図1と同じ位置での時間と変位の関係を表すグラフは図2の(ア)～(エ)のうちどれか。また，うなりの周期はそのグラフ中に示された時間間隔AとBのどちらか。グラフと時間間隔を示す記号の組合せとして最も適当なものを，下の①～⑧のうちから一つ選べ。ただし，図2のグラフの目盛りは，図1のグラフの目盛りと等しいものとする。

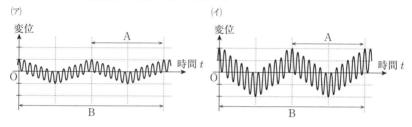

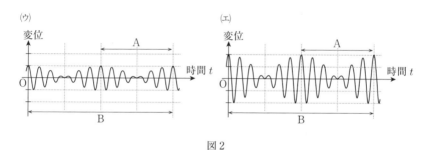

図2

	①	②	③	④	⑤	⑥	⑦	⑧
グラフ	(ア)	(ア)	(イ)	(イ)	(ウ)	(ウ)	(エ)	(エ)
時間間隔	A	B	A	B	A	B	A	B

問2 うなりの周期 T を表す式として正しいものを，次の①～⑥のうちから一つ選べ。

①　$f_1 - f_2$　　②　$\dfrac{1}{f_1 - f_2}$　　③　$f_1 + f_2$

④　$\dfrac{1}{f_1 + f_2}$　　⑤　$\dfrac{f_1 + f_2}{2}$　　⑥　$\dfrac{2}{f_1 + f_2}$

★*61* 【4分・8点】

文中の空欄に入れる数値または語句として最も適当なものを一つずつ選べ。

問1 空気中を伝わる音波の速さは，室温程度の気温でおよそ ☐1 m/s である。

この速さは気温が高いほど ☐2 。

☐1 の選択肢

① 34 ② 340 ③ 3400

☐2 の選択肢

① 遅くなる ② 速くなる

問2 弦を伝わる波の速さは，弦の張力の大きさが大きいほど ☐3 。また，この

速さは弦の線密度が大きいほど ☐4 。

☐3 ・ ☐4 の選択肢

① 遅くなる ② 速くなる

62 【8分・12点】

図1のギターのある弦は，どこも押さえずに弾くと基本振動数 330 Hz の音が出る。この弦を伝わる波の速さは 165 m/s である。

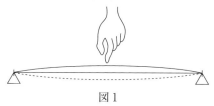

図1

問1 弦を伝わる波の波長はいくらか。□ m

① 0.50　　② 1.0　　③ 2.0　　④ 4.0

問2 弦の長さはいくらか。□ m

① 0.25　　② 0.50　　③ 1.0　　④ 2.0

問3 次の文章中の空欄 **1** ・ **2** に入れる数値として最も適当な数値を一つずつ選べ。

図2のように，この弦の長さの $\frac{3}{4}$ の場所を強く押さえて弾くと，基本振動数 **1** Hz の音が出た。同じ場所を軽く押さえて弾いたところ，押さえた点が振動の節になる図3のような定常波が生じ，振動数 **2** Hz の音が出た。

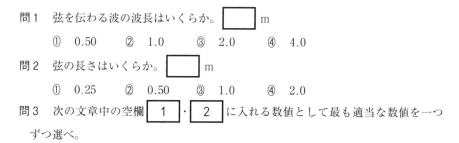

図2

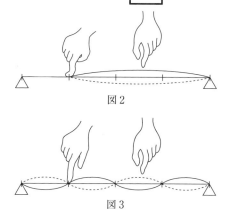

図3

① 220　　② 248　　③ 440　　④ 660　　⑤ 990　　⑥ 1320

★★63 【4分・8点】

基本振動数が 360 Hz となるように，長さ 0.450 m の弦が弦楽器に張られている。

問1　次の文章中の空欄　ア ・ イ 　に入れる数値の組合せとして最も適当なものを，下の ①～⑧ のうちから一つ選べ。

弦を伝わる波の速さは　ア 　m/s である。この弦を振動数　イ 　Hz で振動させると，腹が二つの定常波ができる。

	ア	イ
①	162	180
②	162	720
③	324	180
④	324	720
⑤	400	180
⑥	400	720
⑦	800	180
⑧	800	720

問2　弦楽器から振動数 360 Hz の音を発生させ，その近くでおんさを鳴らしたところ，4 秒間に 8 回のうなりが聞こえた。弦を張る力を少しだけ強めたところ，うなりはなくなった。おんさの振動数は何 Hz か。最も適当な数値を，次の ①～⑦ のうちから一つ選べ。

① 352　　② 356　　③ 358　　④ 360
⑤ 362　　⑥ 364　　⑦ 368

***64 【7分・12点】

　両端を固定した長さ L の弦に，図のように3倍振動の定常波を発生させた。時刻0，t_0，$2t_0$，$3t_0$ に波形1，2，3，4となり，時刻 $4t_0$ に初めて波形1にもどって，その後，同じ振動を繰り返した。

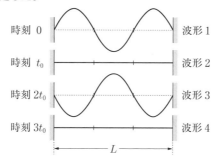

問1　この定常波の振動数 f はいくらか。

①　$\dfrac{1}{t_0}$　　　②　$\dfrac{1}{2t_0}$　　　③　$\dfrac{1}{3t_0}$

④　$\dfrac{1}{4t_0}$　　　⑤　$\dfrac{1}{6t_0}$　　　⑥　$\dfrac{1}{8t_0}$

問2　この定常波は，右と左へ進む，振幅，波長および速さが等しい二つの正弦波の重ね合わせと考えることができる。これらの波の速さはいくらか。

①　$\dfrac{1}{3}Lf$　　②　$\dfrac{2}{3}Lf$　　③　Lf　　④　$\dfrac{4}{3}Lf$　　⑤　$2Lf$　　⑥　$3Lf$

問3　時刻 t_0 における，右へ進む波と左へ進む波はそれぞれどれか。

右へ進む波　　1 　，左へ進む波　　2

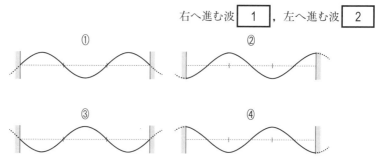

**65 【7分・12点】

　空気中の音速を測定するために，図のような装置を用いて次のような実験を行った。

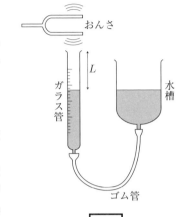

(1)　目盛りのついたガラス管に水を入れ，ゴム管でつながれた水槽を上下させることによって管内の水位を調節する。

(2)　はじめは水位を管口近くにしておき，おんさを鳴らしながら水位を下げていく。

(3)　音が大きく聞こえたときの水面の目盛りを読みとり，水位の管口からの距離 L を測定する。

問1　振動数 $F=440\,\text{Hz}$ のおんさに対し，水位を管口から $L_1=19.0\,\text{cm}$ 下げたとき初めて音が大きく聞こえた。さらに，水位を管口から $L_2=59.0\,\text{cm}$ 下げたときに再び大きく聞こえた。音速はいくらか。　□ m/s

　　① 170　　② 176　　③ 331　　④ 340　　⑤ 352

問2　水位を管口から $L_2=59.0\,\text{cm}$ 下げたとき，空気の密度変化が最も激しい位置は管口から水面に向かって何 cm のところか。2つ選べ。　1 cm　　2 cm

　　① 19.0　　② 29.0　　③ 39.0　　④ 49.0　　⑤ 59.0

　実験室の気温が下がってから同じ実験をして，音が大きく聞こえるときの水位を調べた。

問3　次の文章は，この実験に関する生徒A，Bの会話である。生徒たちの説明が科学的に正しい考察となるように，次の文章中の空欄　ア ・ イ　に入れる語句の組合せとして最も適当なものを一つ選べ。

　A：はじめに，水位を管口から 59.0 cm 下げて，音の大きさを調べてみよう。

　B：実験室の気温が下がると，音の大きさが少し小さくなったような気がするね。

　A：管内の水位を少し変えてみよう。

　B：水位を少し　ア　と，音の大きさがはじめの実験と同じに戻ったね。

　A：おんさの振動数と開口端補正は変わらないと考えると，音速は　イ　なったはずだよ。

	ア	イ
①	下げる	小さく
②	下げる	大きく
③	上げる	小さく
④	上げる	大きく

⋆⋆66 【7分・12点】

任意の振動数の電気信号を発生できる発振器につないだスピーカーSを，両端の開いたガラス管の左側に置いた。ただし，開口端の補正は無視できるものとする。

問1　振動数を0から次第に上げていくと，ある振動数のところで初めて共鳴した。このときの管内の空気振動のようすはどのような図で表されるか。ただし，図では空気振動の左右方向の変位を，上下方向の変位として表してある。

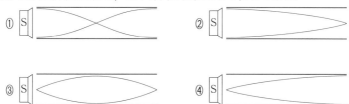

問2　振動数をさらに上げていくと，再びある振動数で共鳴した。このときの振動数は最初に共鳴したときの振動数の何倍か。

　　① $\dfrac{3}{2}$　　② 2　　③ $\dfrac{5}{2}$　　④ 3

問3　管の長さを60 cmとしたとき，問2において空気の圧力の変化が最大になる位置はどこか。最も適当なものを一つ選べ。

　　①　管の両端。　　②　管の中央。

　　③　管の左端から15 cmと45 cmの位置。

　　④　管の左端から20 cmと40 cmの位置。

**67【5分·8点】

図1のような共鳴箱に取り付けたおんさについて考えよう。共鳴箱の長さは L であり，直方体の一つの面が開放されている。おんさにはおもりを付けることができ，おんさの上端とおもりの距離を h とする。

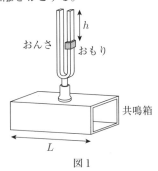

図1

問1　おもりを付けずにおんさを振動させると振動数 440 Hz の音波を発する。共鳴箱はおんさの振動と共鳴するようになっており，共鳴箱をはずすと小さな音しか聞こえない。長さ L として最も適当な数値を一つ選べ。ただし，開口端補正は無視でき，音速を 340 m/s とする。$L=\boxed{}$ cm

　　① 77　　② 39　　③ 19　　④ 9.7

問2　おんさにおもりを付けて距離 h を変えると，発する音波の振動数 f が変化する。この変化の様子を図2に示す。ただし，この範囲では共鳴箱はおんさの振動と共鳴する。おもりのないおんさ A と，おもりを付けたおんさ B を同時に振動させて 2 Hz のうなりが聞こえるようにしたい。おんさ B のおもりの距離 h として最も適当な数値を一つ選べ。　$h=\boxed{}$ cm

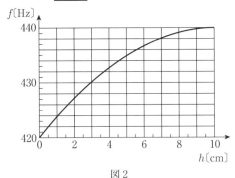

図2

　　① 0　　② 0.5　　③ 1　　④ 3　　⑤ 5　　⑥ 6　　⑦ 7　　⑧ 8

★★★**68**【5分・4点】

次の文章は，管楽器に関する生徒 A，B，C の会話である。生徒たちの説明が科学的に正しい考察となるように，文章中の空欄 ア ～ ウ に入れる語句の組合せとして最も適当なものを，下の ① ～ ⑧ のうちから一つ選べ。

A：気温が変わると管楽器の音の高さが変化するって本当かな。

B：管楽器は気柱の振動を利用する楽器だから，気柱の基本振動数で音の高さを考えてみようか。

C：気温が下がると，音速が小さくなるから基本振動数は ア なって音の高さが変化するんじゃないかな。

B：管の長さだって温度によって変化するだろう。気温が下がると管の長さが縮むから，基本振動数は イ なるだろう。

A：どちらの影響もあるね。二つの影響の度合いを比べてみよう。

B：調べてみると，気温が下がると管の長さは 1 K あたり全長の数万分の 1 程度縮むようだ。

C：音速は 15℃ では約 340 m/s で，この温度付近では 1 K 下がると約 0.6 m/s 小さくなる。この変化の割合は 1 K あたり 600 分の 1 ぐらいになるね。

A：ということは， ウ の変化の方が影響が大きそうだね。予想どおりになるか，実験してみよう。

	ア	イ	ウ
①	小さく	小さく	音速
②	小さく	小さく	管の長さ
③	小さく	大きく	音速
④	小さく	大きく	管の長さ
⑤	大きく	小さく	音速
⑥	大きく	小さく	管の長さ
⑦	大きく	大きく	音速
⑧	大きく	大きく	管の長さ

第4章 電　　気

★*69* 【5分・10点】

問1　次の文の空欄 $\boxed{1}$ ～ $\boxed{6}$ に入れるのに最も適当なものを，解答群のなかから一つずつ選べ。

　　原子は，その中心にあってその質量の大部分をになう正の電荷をもった重い原子核と，そのまわりを回る軽い $\boxed{1}$ から構成されている。原子核と $\boxed{1}$ は $\boxed{2}$ で結合しており，原子は全体として電気的に中性である。さらに，原子核は正の電荷をもった $\boxed{3}$ と電荷をもたない $\boxed{4}$ から構成されている。

　　電子を放出した原子は正の電荷を帯びて $\boxed{5}$ となり，また，電子を得た原子は負の電荷を帯びて $\boxed{6}$ となる。

$\boxed{1}$ ～ $\boxed{6}$ の解答群

① 電子　　　② 原子　　　③ 陽子　　　④ 中性子　　　⑤ 陽イオン
⑥ 陰イオン　⑦ 核力　　　⑧ 静電気力

問2　次の文章中の空欄 ア ・ イ に入れる語と数値の組合せとして最も適当なものを，下の ①～⑧ のうちから一つ選べ。

　　同じ材質の紙1，2と，同じ材質のプラスチックの棒1，2を用いて，図のように紙1で棒1を，紙2で棒2をこすったところ，紙と棒の間で電荷が移動して静電気が発生した。このとき，棒1と棒2を近づけると，静電気力によって棒の間に ア がはたらいた。棒1と紙1の間で移動した電気量が 8.0×10^{-8} C であったとき，電子 イ 個分の電荷が移動したものと考えられる。ただし，電気素量を 1.6×10^{-19} C とする。

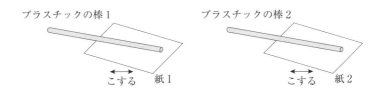

プラスチックの棒1　　　　　　　　プラスチックの棒2

こする　紙1　　　　　　　　こする　紙2

	ア	イ
①	引　力	1.3×10^{7}
②	引　力	1.3×10^{12}
③	引　力	5.0×10^{11}
④	引　力	5.0×10^{27}
⑤	反発力	1.3×10^{7}
⑥	反発力	1.3×10^{12}
⑦	反発力	5.0×10^{11}
⑧	反発力	5.0×10^{27}

電気

★★70　【5分・8点】

　図1のような装置は箔検電器と呼ばれ，箔の開き方から電荷の有無や帯電の程度を知ることができる。箔検電器を用いて行う静電気の実験について考えよう。

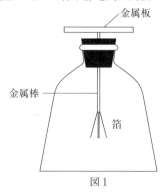

金属板

金属棒

箔

図1

問1　箔検電器の動作を説明する次の文章の空欄 　ア 　〜　ウ 　に入れる記述 a 〜 c の組合せとして最も適当なものを，下の①〜⑥のうちから一つ選べ。

　帯電していない箔検電器の金属板に正の帯電体を近づけると， 　ア 　ため自由電子が引き寄せられる。その結果，金属板は負に帯電する。一方，箔検電器内では 　イ 　ため帯電体から遠い箔の部分は自由電子が減少して正に帯電する。帯電した箔は， 　ウ 　ため開く。

a　同種の電荷は互いに反発しあう
b　異種の電荷は互いに引き合う
c　電気量の総量は一定である

	ア	イ	ウ
①	a	b	c
②	a	c	b
③	b	a	c
④	b	c	a
⑤	c	a	b
⑥	c	b	a

問2 箔検電器に電荷 Q を与えて，図2(a)で示したように箔を開いた状態にしておいた。次に箔検電器の金属板に，負に帯電した塩化ビニル棒を遠方から近づけたところ，箔の開きは次第に減少して図2(b)のように閉じた。初めに与えた電荷 Q と図2(b)の状態の金属板の部分にある電荷 Q' にあてはまる式の組合せとして正しいものを，下の①〜⑥のうちから一つ選べ。

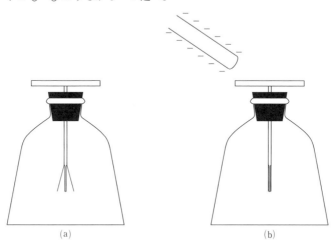

図2

①　$Q > 0,\ Q' > 0$　②　$Q > 0,\ Q' = 0$　③　$Q > 0,\ Q' < 0$
④　$Q < 0,\ Q' > 0$　⑤　$Q < 0,\ Q' = 0$　⑥　$Q < 0,\ Q' < 0$

★*71* 【5分・8点】

電池が流す電気量について考えよう。

問1 電池に抵抗器をつなぎ，0.040 A の電流を 20 秒間だけ流した。この間に電池が流した電気量の大きさは何 C か。 ☐ C

① 0.0020　　② 0.0080　　③ 0.020
④ 0.080　　⑤ 0.20　　⑥ 0.80

問2 充電された携帯電話用の電池は流すことのできる電気量が限られている。図は，完全に充電したある携帯電話用の電池にある抵抗器をつないだとき，抵抗器を流れる電流の時間変化を表している。この電池を携帯電話に使う場合，通話時に流れる電流が 100 mA で一定であるとすると，最大何時間の連続通話が可能か。ただし，一回の完全充電後この電池が流すことのできる電気量は，流す電流によらず一定であるとする。 ☐ 時間

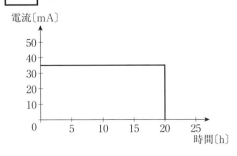

① 2　　② 7　　③ 10　　④ 20　　⑤ 35　　⑥ 57

★72 【5分・8点】

問1 次の文中の空欄 ア ・ イ に入れる語の組合せとして最も適当なものを一つ選べ。

　　導線の抵抗値は長さに ア し，断面積に イ する。

	ア	イ
①	比例	比例
②	比例	反比例
③	反比例	比例
④	反比例	反比例

問2 次のような3本の金属線a，b，cを用意した。

	材料	抵抗率〔Ω·m〕	断面積〔m²〕	長さ〔m〕	抵抗値〔Ω〕
a	銅	1.7×10^{-8}	1.0×10^{-7}	1.0	R_a
b	鉄	1.0×10^{-7}	1.0×10^{-7}	1.0	R_b
c	鉄	1.0×10^{-7}	1.0×10^{-8}	2.0	R_c

　　金属線の抵抗値の大小関係として正しいものを，次の①～⑥のうちから一つ選べ。

① $R_a>R_b>R_c$　② $R_a>R_c>R_b$　③ $R_b>R_a>R_c$
④ $R_b>R_c>R_a$　⑤ $R_c>R_a>R_b$　⑥ $R_c>R_b>R_a$

★★*73* 【5分・8点】

断面積 6.0×10^{-8} m^2 で長さ 18 m の導線の両端に 1.5 V の電圧をかけると 50 mA の電流が流れた。

問1　この導線の抵抗値はいくらか。 [　　] Ω

①　0.030　　　②　0.075　　　③　30　　　　④　75

問2　表1にはいくつかの物質の室温での抵抗率が示されている。上の測定で用いた導線の材料はそれらの物質のいずれかである。どの物質が使われているか。ただし，導線の抵抗の温度変化は無視できるものとする。

表1

物　質	抵抗率〔Ω・m〕	物　質	抵抗率〔Ω・m〕
銅	1.7×10^{-8}	金	2.3×10^{-8}
アルミニウム	2.8×10^{-8}	タングステン	5.5×10^{-8}
鉄	1.0×10^{-7}	ニクロム	1.1×10^{-6}

①　銅　　　　　　②　金　　　　　　③　アルミニウム
④　タングステン　⑤　鉄　　　　　　⑥　ニクロム

74 【7分・12点】

図は，抵抗AとBについて，それぞれにかけた電圧 V と流れる電流 I の関係を示したグラフである。

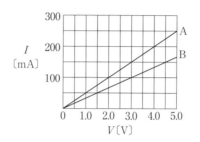

問1 抵抗AとBの抵抗値は，それぞれいくらか。

A 1 Ω B 2 Ω

① 10   ② 20   ③ 30   ④ 40

問2 抵抗AとBを直列につないだときの合成抵抗値はいくらか。 [ ] Ω

① 12   ② 24   ③ 50   ④ 60

問3 抵抗AとBを並列につないだときの合成抵抗値はいくらか。 [ ] Ω

① 12   ② 24   ③ 50   ④ 60

★★75 【5分・8点】

二つの抵抗と直流電源からなる回路について考える。

問1 図1のように，20 Ωの抵抗Aと30 Ωの抵抗Bを，6.0 Vの直流電源につないだ。図中の点Pを流れる電流は何Aか。最も適当なものを，下の①〜⑤のうちから一つ選べ。☐ A

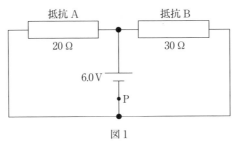

図1

| ① | 0.12 | ② | 0.20 | ③ | 0.30 | ④ | 0.50 | ⑤ | 0.60 |

問2 抵抗値10 Ωと30 Ωの二つの抵抗を，図2(a)および(b)のように接続し，直流電源で10 Vの電圧を加えた。それぞれの回路において，30 Ωの抵抗に流れる電流 I_1 と I_2 の値の組合せとして最も適当なものを，下の①〜⑨のうちから一つ選べ。

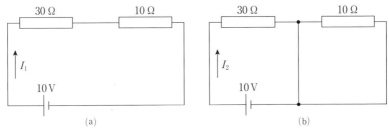

(a)   (b)

図2

	I_1〔A〕	I_2〔A〕
①	0.25	0.25
②	0.25	0.33
③	0.25	1.3
④	0.33	0.25
⑤	0.33	0.33
⑥	0.33	1.3
⑦	1.3	0.25
⑧	1.3	0.33
⑨	1.3	1.3

76 【8分・16点】

3つの電気抵抗 R_1, R_2, R_3 と内部抵抗が無視できる電池 E が図のように接続されている。R_1, R_2, R_3 の抵抗値はそれぞれ 30Ω, 20Ω, 10Ω である。抵抗 R_1 を流れる電流が 10 mA であった。

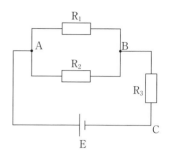

問1 R_2 を流れる電流はいくらか。□ mA

① 10　② 15　③ 20　④ 25　⑤ 30

問2 BC 間の電圧はいくらか。□ V

① 0.15　② 0.25　③ 0.35　④ 0.45

問3 電池の両端の電圧はいくらか。□ V

① 0.35　② 0.45　③ 0.55　④ 0.65

問4 AC 間の合成抵抗の抵抗値はいくらか。□ Ω

① 22　② 42　③ 50　④ 60

77 【5分・8点】

抵抗値 R の抵抗に大きさ I の電流を時間 t だけ流した。

問1 この抵抗で消費される電力はいくらか。

① RI　② $\dfrac{I}{R}$　③ RI^2　④ $\dfrac{I^2}{R}$

問2 この抵抗で発生したジュール熱はいくらか。

① RIt　② $\dfrac{It}{R}$　③ $RI^2 t$　④ $\dfrac{I^2 t}{R}$

78 【5分・8点】

問1 図のように，同じ抵抗値をもつ抵抗A，B，Cを電池に接続する。Aで発生するジュール熱はBで発生するジュール熱の何倍か。

① 1 ② 2 ③ 3 ④ 4

⑤ $\dfrac{1}{2}$ ⑥ $\dfrac{1}{3}$ ⑦ $\dfrac{1}{4}$

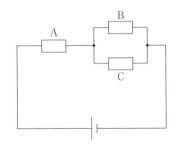

問2 断面が円形の導線PとQがある。導線PとQの抵抗率は等しく，導線Qの直径は導線Pの直径の2倍であり，導線Qの長さは導線Pの長さの2倍である。導線PとQに同じ大きさの電流を同じ時間だけ流すとき，導線Qで発生するジュール熱は導線Pの場合の何倍になるか。

① $\dfrac{1}{4}$ ② $\dfrac{1}{2}$ ③ 2 ④ 4

79 【5分・8点】

100 V 用 20 W のヒーターがある。このヒーターに 100 V の電圧をかけ，20.0℃の液体 1.0 kg を加熱した。加熱を始めてから 30 s ごとに液体の温度を測ったら，下の表のような結果が得られた。ヒーターの熱はすべて液体の温度上昇に使われたとして，次の問いに答えよ。

経過時間〔s〕	0	30	60	90	120	150
液体の温度〔℃〕	20.0	20.3	20.6	20.9	21.2	21.5

問1　ヒーターに流れる電流はいくらか。 ☐ A

① 0.20　② 0.50　③ 2.0　④ 5.0

問2　この液体の比熱はいくらか。 ☐ J/(g・K)

① 2　② 3　③ 4　④ 5　⑤ 8

★★★80 【8分・16点】

　ある電熱器にかける電圧 V とそのときに流れる電流 I を測定したところ, 図1のようになった。

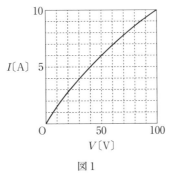

図1

　この電熱器を100Vの電源に図2のようにつないで, 2.0Lの水を室温から沸騰させる。

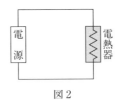

図2

問1　このとき電熱器で消費される電力はほぼ何kWか。　□ kW

①　1　　　②　10　　　③　100　　　④　1000

問2　水が室温から沸騰し始めるまでに24分かかった。この電源の電力料金は1kWh(キロワット時)当たり20円である。必要な電力料金は何円になるか。

　□ 円

①　8　　　②　12　　　③　20　　　④　480

　これと同じ電熱器を二つ用意し，図3あるいは図4のように，100Vの電源につないだ。電熱器一つ当たり2.0L，合計4.0Lの水を室温から沸騰させた。図1を参考にして下の問い(問3・問4)に答えよ。ただし，電力が水の加熱に利用できる割合はいずれも問2の場合と同じとする。

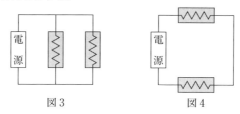

図3　　　　　　　　　　図4

問3　それぞれのつなぎ方の場合に，室温の水4.0Lが沸騰し始めるまでにほぼ何分かかったか。ただし，同じものを繰り返し選んでもよい。

図3の場合：　**1**　分

図4の場合：　**2**　分

① 　12　　　② 　24　　　③ 　32　　　④ 　48
⑤ 　60　　　⑥ 　72　　　⑦ 　80　　　⑧ 　96

問4　それぞれのつなぎ方の場合に，合計4.0Lの水を沸騰させるのに必要な電力料金は，問2の場合の電力料金の何倍か。ただし，同じものを繰り返し選んでもよい。

図3の場合：　**3**　倍

図4の場合：　**4**　倍

① 　0.4　　　② 　0.8　　　③ 　1.0　　　④ 　1.2
⑤ 　2.0　　　⑥ 　2.5　　　⑦ 　3.0　　　⑧ 　4.0

§2　電流と磁場

⋆*81*　【4分·8点】

問1　棒磁石の性質を調べるために，図のように棒磁石を2分割して少し離し，その上に厚紙を置いて，上から鉄粉をまいて磁場の様子を見た。磁力線の様子を示した図として最も適当なものを一つ選べ。

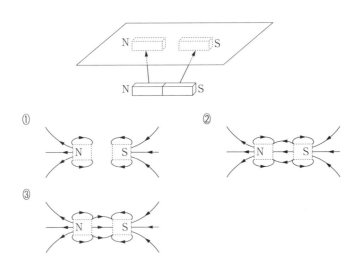

問2　直線状の長い導線に電流を流すと，導線のまわりに磁場が生じる。その電流，磁場と，そばに置いた磁針との関係が正しく描かれているものを一つ選べ。ただし，地磁気の影響は無視できるものとする。

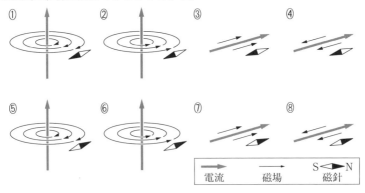

★★*82* 【7分・12点】

問1と問2の文章中の空欄に入れる最も適当なものを，それぞれの解答群から一つずつ選べ。

問1 馬蹄形の磁石の中に直交して置かれた導線に，図1のようにA→Bの向きに電流を流したとき，この電流により導線のまわりには磁場が発生する。その磁力線の向きは， 1 の向きである。そして導線にはP→Uの方向の力がはたらく。ただし，図においてN，Sは磁石の極を表している。B→Aの向きに電流を流すと，導線には 2 の方向の力がはたらく。

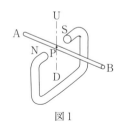

図1

1 の解答群

① ABに平行でA→B　　② ABに平行でB→A
③ AからBの方向を見たとき時計回り
④ AからBの方向を見たとき反時計回り

2 の解答群

① P→U　② P→D　③ P→N　④ P→S　⑤ P→A
⑥ P→B

問2 図2の装置において，N，Sは磁石の極を，A，Bは電極を表している。電極A，B間に電池をつなぐと，コイルは同一方向に回転を続ける。このとき，この装置は 3 モーターとしてはたらき， 4 が 5 から受ける力を利用して電気的エネルギーを回転の力学的エネルギーに変える。図に示した向き（電極A，Bの側から見て，反時計回りの向き）にコイルが回転するとき，コイルに流す電流の向きは 6 である。

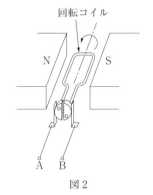

回転コイル

図2

3 ～ 5 の解答群

① 磁場　② 電場　③ 電流　④ 電圧　⑤ 直流　⑥ 交流

6 の解答群

① 電極A→コイル→電極B　　② 電極B→コイル→電極A

★★83 【7分·8点】

ファラデーは，棒磁石をコイルの中に入れたり出したりしたときに，電流が流れることを発見した。この現象は電磁誘導といわれる。これは，発電機の原理でもあり，力学的エネルギーが電気エネルギーに変換されている。

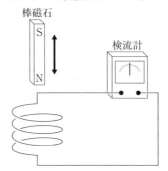

問1　図のように，コイルを検流計につなぎ，N極を下にして棒磁石をゆっくりコイルに近づけたところコイルに電流が流れた。次に，N極を下にしたまま勢いよくコイルから遠ざけて，コイルに流れた電流を測定してみた。コイルに磁石を近づけたときの電流と，遠ざけたときの電流を比較した記述として最も適当なものを一つ選べ。

①　電流の向きは同じで，大きさも同じだった。
②　電流の向きは同じで，電流の大きさは遠ざけたときの方が小さかった。
③　電流の向きは同じで，電流の大きさは遠ざけたときの方が大きかった。
④　電流の向きは逆で，大きさは同じだった。
⑤　電流の向きは逆で，電流の大きさは遠ざけたときの方が小さかった。
⑥　電流の向きは逆で，電流の大きさは遠ざけたときの方が大きかった。

問2　次の文章は，この実験に関する生徒 A と B の会話である。生徒たちの説明が科学的に正しい考察になるように，文章中の空欄　ア　～　ウ　に入れる語の組合せとして最も適当なものを一つ選べ。

A：コイルの巻き数を 2 倍にして棒磁石を近づけると，電流の大きさはどうなるのかな。

B：コイルの 1 巻きずつに電磁誘導が起こるから，電流の大きさは　ア　なるよ。

A：コイルに棒磁石の N 極を下にして近づけると，コイルを　イ　に貫く磁力線が増えるよ。

B：ということはコイルに流れる電流はこの磁力線の変化を妨げるように流れるから，電流の向きはコイルの　ウ　の向きになるね。

	ア	イ	ウ
①	大きく	上向き	上から下
②	大きく	上向き	下から上
③	大きく	下向き	上から下
④	大きく	下向き	下から上
⑤	小さく	上向き	上から下
⑥	小さく	上向き	下から上
⑦	小さく	下向き	上から下
⑧	小さく	下向き	下から上

§3　交流と電磁波

★84 【5分・8点】

　図のように，磁場（磁界）中で回転できる長方形コイルで作られた交流発電機を考える。ただし，コイルの一端は端子aに，他端は端子bにつながれている。

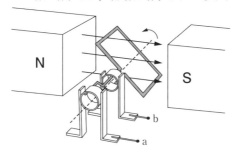

問1　次の文章中の空欄 **ア**・**イ** に入れる語句の組合せとして最も適当なものを，下の①〜⑥のうちから一つ選べ。

　図のような交流発電機では，コイルの回転が止まっているとき，端子a，b間には **ア** 。次に，コイルを一定の速さで回転させると，**イ** により交流電圧が発生する。

	ア	イ
①	磁場により直流電圧が発生する	電磁誘導
②	磁場により直流電圧が発生する	静電気力
③	磁場により直流電圧が発生する	ジュール熱
④	電圧は発生しない	電磁誘導
⑤	電圧は発生しない	静電気力
⑥	電圧は発生しない	ジュール熱

問2　次の文章中の空欄 ウ ・ エ に入れる語句の組合せとして最も適当なものを，下の①～⑨のうちから一つ選べ。

コイルを回転させる速さを2倍にした。このとき端子a，b間に発生する交流電圧の周波数はもとの値に比べて ウ ，交流電圧の最大値はもとの値に比べて エ 。

	ウ	エ
①	変わらず	変わらない
②	変わらず	増加する
③	変わらず	減少する
④	2倍になり	変わらない
⑤	2倍になり	増加する
⑥	2倍になり	減少する
⑦	$\frac{1}{2}$倍になり	変わらない
⑧	$\frac{1}{2}$倍になり	増加する
⑨	$\frac{1}{2}$倍になり	減少する

★★85 【5分・8点】

図のように時間変化する交流電圧 V について考える。

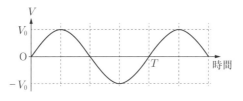

問1　交流の周波数が50Hzのとき，図の T はいくらか。 □ s

① 1.0×10^{-2}　　② 2.0×10^{-2}　　③ 4.0×10^{-2}　　④ 2.0×10^{-1}

問2　家庭用電源の電圧の実効値は100Vである。この場合，交流電圧の最大値 V_0 はおよそ何Vか。$V_0 =$ □ V

① 110　　② 120　　③ 130　　④ 140

★**86**　【5分・8点】

　交流の場合は，変圧器(トランス)を使って，その電圧を変えることができる。ここでは，図のような鉄心にコイルを巻きつけた変圧器を考える。ただし，変圧器は理想的であるとして考える。一次コイルの巻き数を N_1，二次コイルの巻き数を N_2，一次コイル側の交流電圧を V_1 とする。二次コイル側の電圧 V_2 を測定した。

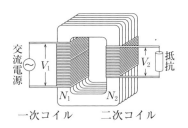

問1　このとき二次コイル側の電圧 V_2 はいくらか。

　①　$\dfrac{N_2}{N_1} V_1$　　②　$\dfrac{N_1}{N_2} V_1$　　③　$\left(\dfrac{N_2}{N_1}\right)^2 V_1$　　④　$\left(\dfrac{N_1}{N_2}\right)^2 V_1$

問2　一次コイル側の交流の周波数を f とすると，二次コイル側の交流の周波数はいくらか。

　①　$\dfrac{N_2}{N_1} f$　　②　$\dfrac{N_1}{N_2} f$　　③　$\left(\dfrac{N_2}{N_1}\right)^2 f$　　④　$\left(\dfrac{N_1}{N_2}\right)^2 f$　　⑤　f

★★*87* 【7分・12点】

発電所から電力を送る際に変圧器が用いられている。その理由について考えてみよう。

問1 100 V の電圧で 20 kW の電力を送るとき，送電線を流れる電流はいくらか。

A

① 0.005 ② 0.2 ③ 5 ④ 200

問2 100 V の電圧で 20 kW の電力を送るときに送電線の抵抗によって熱として失われる電力を W_1 とする。また，電圧を変圧器で 1000 V に上げて同じ電力を同じ送電線で送るときに電線で熱として失われる電力を W_2 とする。W_2 の W_1 に対する比はいくらになるか。

$$\frac{W_2}{W_1} = \boxed{}$$

① 0.01 ② 0.02 ③ 0.1 ④ 0.2

問3 変圧器の記述として適当でないものを一つ選べ。

① 変圧器の働きは電磁誘導に基づいている。
② 変圧器では電圧を上げることも下げることもできる。
③ 直流でも交流でも使える点が長所の一つである。
④ 送電のとき変圧器で高電圧にするのは，熱による損失を小さくするためである。

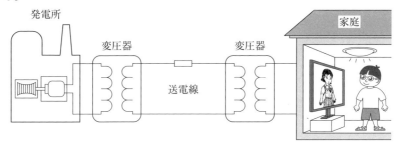

★★88 【7分・12点】

問1　電磁波はその周波数に応じてさまざまな用途に使われている。次の表には，それぞれの周波数帯の名称，および用途の例が示されている。空欄 $\boxed{1}$ ～ $\boxed{4}$ に入れるのに最も適当なものを，下のそれぞれの解答群のうちから一つずつ選べ。

$\boxed{1}$ ・ $\boxed{2}$ の解答群

① α線　② β線　③ γ線
④ 赤外線

$\boxed{3}$ ・ $\boxed{4}$ の解答群

① AM 放送　② 電子レンジ
③ ブラックライト
④ デジタルカメラ

周波数 (Hz)	名称	主な用途
	長　波	電波時計・漁業無線
10^6	中　波	$\boxed{3}$
	短　波	短波放送
10^8	超短波	FM 放送
10^{10}	マイクロ波	衛星放送・ $\boxed{4}$
10^{12}		携帯電話
		電気コタツ
10^{14}	$\boxed{1}$	
	可視光線	光学機器・光通信
10^{16}	紫外線	殺菌灯
10^{18}	X 線	医療検査
10^{20}	$\boxed{2}$	材料検査・がん治療

問2　波長が 5.0×10^{-8} m の電磁波の周波数はいくらか。ただし，光速を 3.0×10^8 m/s とする。 $\boxed{}$ Hz

① 3.0×10^{15}　② 6.0×10^{15}　③ 3.0×10^{16}　④ 6.0×10^{16}

問3　私たちの日常生活で使われている電磁波の波長について考える。電気製品のリモコンで使われている赤外線の波長を λ_A，テレビ放送で使われている電波の波長を λ_B，トンネルの照明で使われているナトリウムランプの 橙（だいだい）色の光の波長を λ_C と表す。これらの電磁波の波長の長短を示した関係として正しいものを一つ選べ。

① $\lambda_A < \lambda_B < \lambda_C$　② $\lambda_A < \lambda_C < \lambda_B$　③ $\lambda_B < \lambda_A < \lambda_C$
④ $\lambda_B < \lambda_C < \lambda_A$　⑤ $\lambda_C < \lambda_A < \lambda_B$　⑥ $\lambda_C < \lambda_B < \lambda_A$

***89 【5分·8点】

身近な電気現象について以下の問に答えよ。

問1　図1はスピーカーの基本構造を示している。永久磁石の近くに置かれたコイルにリード線を介して電流を流すと，コイルが磁場（磁界）から力を受け，コイルに結合したコーン紙が運動する。これを参考にして，スピーカーのはたらきについての記述として**誤っているもの**を一つ選べ。

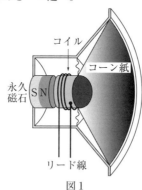

図1

①　周波数 f の交流電流をコイルに流すと，振動数 f の音波が発生する。

②　磁石の極性を逆転すると，コイルに交流電流を流しても音は出ない。

③　音波がコーン紙を振動させると，電磁誘導によりコイル両端に電圧が生じるので，マイクロフォンとしても使える。

④　コイルに流す交流電流の大きさを増やすと，音が大きくなる。

⑤　コイルに一定の直流電流が流れ続けている間は，音は出ない。

⑥　スピーカーは電気エネルギーを音のエネルギーに変換する。

問2　手回し発電機は，ハンドルを回転させることによって起電力を発生させる装置
　　である。リード線に図2に示す**a〜c**のような接続を行い，いずれの接続の場合で
　　も同じ起電力が発生するように，同じ速さでハンドルを回転させた。**a〜c**の接続
　　について，ハンドルの手ごたえが軽いほうから重いほうに並べた順として正しいも
　　のを一つ選べ。

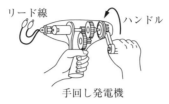

リード線　　　ハンドル

手回し発電機

a：豆電球を接続　　**b**：リード線どうしを接続　　**c**：不導体の棒を接続

図2

	ハンドルの手ごたえ 軽　い ⟶ 重　い		
①	a	b	c
②	a	c	b
③	b	a	c
④	b	c	a
⑤	c	a	b
⑥	c	b	a

第5章　エネルギーとその利用

★**90**【2分・4点】

　図は，いろいろな形態のエネルギーが，さまざまな事象を通じて相互に変換される
様子を表している。a～d で表されたエネルギーの形態を推定し，A に適した事象を
一つ選べ。

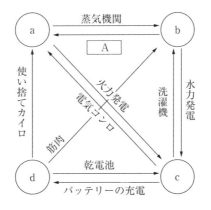

① ジュールの実験　② 原子炉　③ 扇風機　④ ガソリンエンジン

★★91 【5分・8点】

問1　次の文章中の空欄 ア ・ イ に入れる語の組合せとして最も適当なものを，下の①～⑥のうちから一つ選べ。

　　火力発電では，化石燃料のもつ ア エネルギーを燃焼によって取り出し，そのエネルギーを利用して発電機のタービンを回し，電気エネルギーを得る。風力発電では，空気の イ エネルギーを利用して発電機の風車を回し，電気エネルギーを得る。

	ア	イ
①	位　置	運　動
②	位　置	熱
③	運　動	化　学
④	運　動	熱
⑤	化　学	化　学
⑥	化　学	運　動

問2　次の文章中の空欄 ウ ～ オ に入れる語の組合せとして最も適当なものを，下の①～⑧のうちから一つ選べ。

　　原子力発電ではウランや ウ などを連鎖的に エ させて生じる熱エネルギーを用いる。この核反応では，二酸化炭素は発生しないが，長期にわたって厳重に管理する必要がある オ が作り出される。

	ウ	エ	オ
①	ナトリウム	核融合	放射性廃棄物
②	ナトリウム	核融合	窒素酸化物
③	ナトリウム	核分裂	放射性廃棄物
④	ナトリウム	核分裂	窒素酸化物
⑤	プルトニウム	核融合	放射性廃棄物
⑥	プルトニウム	核融合	窒素酸化物
⑦	プルトニウム	核分裂	放射性廃棄物
⑧	プルトニウム	核分裂	窒素酸化物

★★★**92** 【7分・8点】

問1 図はある小規模な水力発電所の概略を示す。川から供給される水は貯水槽に貯えられたあと，導水管を通って 17 m の高さを落下し，毎秒 30 kg の水が発電機に導かれる。この発電所で実際に得られた電力は 2.2 kW であった。この大きさは，貯水槽と発電機の間における水の位置エネルギーの減少分の約何%か。ただし，重力加速度の大きさを $9.8 \ \mathrm{m/s^2}$ とする。　　　　%

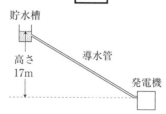

① 11 　② 26 　③ 37 　④ 44 　⑤ 50

問2 火力発電所では，発生する熱の約 40%が電気エネルギーに変換され，残りのエネルギーは大気や海水中に排熱として捨てられている。ある家庭で消費電力が 1.0 kW の電気ストーブを用いて部屋を暖房しているとき，発電所ではそのために毎秒何 kJ のエネルギーが排熱として捨てられていることになるか。ただし，送電の際のエネルギー損失は無視できるものとする。　　　　kJ

① 0.40 　② 0.60 　③ 0.67 　④ 1.5 　⑤ 2.5 　⑥ 4.0

^{★★}*93* 【7分・12点】

　エネルギーの移り変わりを調べるために次の実験をした。

　図のようにモーター(電動機)の回転軸に糸の一端を固定し，他端に0.10kgのおもりをつけ，モーターで引き上げた。モーターには乾電池，電圧計，電流計を接続してある。一定速度で1.0m引き上げるのに8.0秒かかった。電圧，電流を測定すると，この間一定で，それぞれ3.0V，0.30Aであった。

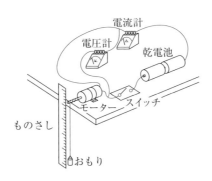

問1　1.0m引き上げるのにモーターがおもりにした仕事は何ジュール(J)か。ただし，重力加速度を9.8m/s²とする。□J

　　① 0.049　　② 0.49　　③ 0.98　　④ 2.5　　⑤ 4.9　　⑥ 9.8

問2　このとき，モーターが消費した電気エネルギーは何ジュール(J)か。□J

　　① 0.49　　② 0.90　　③ 0.98　　④ 3.6　　⑤ 7.2　　⑥ 9.8

問3　このモーターがおもりにした仕事とモーターが消費した電気エネルギーの関係についての記述として最も適当なものを一つ選べ。

　　①　エネルギー保存の法則が成立するので，仕事と電気エネルギーは等しい。

　　②　電気エネルギーを上まわる仕事をした。

　　③　電気エネルギーの大部分が仕事に使われた。

　　④　電気エネルギーのほんの一部しか仕事に使われていない。

　　⑤　この実験からエネルギー保存の法則が成り立たないことがわかる。

★★★**94** 【8分・16点】

太陽エネルギーについて考えてみよう。

面積 $10\,m^2$ の太陽電池をビルの屋上に水平に設置する。あるとき，太陽電池に届いた太陽エネルギーは，受光面 $1\,m^2$ 当たり毎秒約 $500\,J$ であり，この太陽電池により約 $750\,W$ の電力を取り出すことができた。この場合，太陽エネルギーの約 **1** ％が電気エネルギーに変換されたことになる。

太陽が宇宙空間に放射しているエネルギーの源は何だろうか。太陽が炭素と酸素からできていて，それが完全燃焼することによりこのエネルギーが発生していると仮定してみよう。このとき，太陽がすべて燃えると $1.8\times10^{37}\,J$ の熱量を発生することになる。太陽の単位時間当たりのエネルギー放出量は一定で，約 $4.0\times10^{26}\,W$ とすれば，1年は約 3.2×10^7 秒なので，この仮定によれば太陽は誕生してから約 **2** 年で燃え尽きてしまうことになる。

実際には，太陽内部では **3** 反応によってエネルギーが供給されている。この反応では，炭素の燃焼による **4** エネルギーよりもはるかに多くのエネルギーを生み出すことができる。現実の太陽の寿命は100億年程度であると見積もられている。

問1 上の文章中の空欄 **1** に入れる数値はいくらか。

① 1.0 ② 1.5 ③ 3.0 ④ 5.0 ⑤ 7.5 ⑥ 15 ⑦ 30
⑧ 75

問2 上の文章中の空欄 **2** に入れる数値はいくらか。

① 0.14 ② 1.4 ③ 14 ④ 140 ⑤ 1.4×10^3 ⑥ 1.4×10^4
⑦ 1.4×10^5 ⑧ 1.4×10^6

問3 上の文章中の空欄 **3** ・ **4** に入れる語として最も適当なものはどれか。
ただし，同じものを繰り返し選んでもよい。

① 核分裂 ② 核融合 ③ 化学 ④ 電気

問4 太陽エネルギーが地球に届くのと同じ原理でエネルギーが伝わることによって起こる現象として最も適当なものはどれか。

① ドライヤーの温風で髪を乾かしたら，頭が熱くなった。
② 点灯している白熱電球に手を近づけると，暖かく感じた。
③ 熱いコーヒーの中にスプーンを入れたら，スプーンが熱くなった。
④ お風呂に入ったとき，浴槽のお湯は上の方が下の方に比べて熱く感じた。
⑤ お茶に比べてコーンスープの方が冷めにくかった。

***95 【10分・18点】

家電製品にみる電磁波の利用を考えてみよう。

電子レンジの取扱説明書を読んでみた。電子レンジは，食品中の水分子に電磁波でエネルギーを与え，それによって食品を温めるのだという。つまり，電子レンジは，水を含む食品が電磁波を 1 する性質を利用している。また，電子レンジを使うとき，食品がラップでくるんであったり，陶器やガラスの容器に入ったりしていても，食品を温めることができる。これは電子レンジで利用する電磁波がラップ，陶器やガラスを 2 する性質をもっているためである。電磁波には金属の表面などで 3 される性質もある。容器のふたなど温めたくない場所は，アルミホイルの小片でくるむことがあるが，これは電磁波が金属に当たると 3 されるためである。

電子レンジで利用されている電磁波は，他の家電製品に影響をおよぼすことがある。そこで，たとえば電子レンジのドアの表面には，電磁波を 2 させないような加工が施されており，さらに，電子レンジの使用中は，電子レンジのドアは密閉されるようになっている。また，電子レンジの使用中にドアを開けると，運転が止まる仕組みが施されている。一方，電子レンジの内部の壁には，電磁波を効率よく利用できるよう，電磁波をよく 3 するような加工が施されている。

問1 上の文章中の空欄 1 ～ 3 に入れるのに最も適当なものを一つずつ選べ。ただし，同じものを繰り返し選んではいけない。
① 透過 ② 反射 ③ 吸収 ④ 放射

問2 上の文章中の下線部のように，家電製品には電磁波の影響で正常に機能しなくなるものも多いが，影響を受けにくいものもある。電磁波の影響を**最も受けにくい**ものを一つ選べ。
① コンピュータ ② ドライヤー ③ ラジオ ④ テレビ

問3 冷凍食品を電子レンジで調理して食べることにした。買ってきた冷凍食品の包装には，出力600Wの電子レンジで2分30秒温めるようにと書いてある。ところが家にある電子レンジの出力は500Wであった。600Wの電子レンジで2分30秒温めたのと同じ効果を得るためには，家にある電子レンジで食品をどれだけの時間温めればよいか。最も適当なものを一つ選べ。
① 2分 ② 2分30秒 ③ 3分 ④ 3分30秒

問4　電子レンジを用いて水を温めてみた。19℃の水 100 g を紙コップに入れ、コップを電子レンジのトレイのほぼ中心に置き、電子レンジの出力を 500 W にして 30 秒温めたところ、水の温度は 38℃ になった。電子レンジの出力のうち、何％が水を温めるのに用いられたか。最も適当なものを一つ選べ。ただし、水の比熱は 4.2 J/(g·K)とする。□□□ ％

①　13　　②　25　　③　53　　④　66　　⑤　100

§2 原子力と放射線

★*96* 【6分·8点】

原子力について以下の問いに答えよ。

問1 次の空欄 | 1 | ～ | 3 | に入れる語句を1つずつ選べ。

原子力発電では，原子炉内でウランを | 1 | させ，| 2 | エネルギーから得た

| 3 | エネルギーを利用して電気エネルギーを作り出している。

① 核分裂 ② 核融合 ③ 化学 ④ 核 ⑤ 熱

問2 $^{235}_{92}U$ の陽子数と中性子数は，それぞれいくらか。

陽子数 | 4 | ，中性子数 | 5 |

① 92 ② 143 ③ 235 ④ 327

問3 次の核反応の空欄に入るものを1つ選べ。

$$^{2}_{1}H + ^{3}_{1}H \rightarrow \boxed{} + ^{1}_{0}n$$

① $^{1}_{1}H$ ② $^{2}_{1}H$ ③ $^{3}_{1}H$ ④ $^{4}_{2}He$ ⑤ $^{5}_{2}He$ ⑥ $^{6}_{2}He$

★★97 【4分・8点】

問1 原子と放射線に関する記述として最も適当なものを，次の①～⑤のうちから一つ選べ。

① 原子の種類(元素)は，原子核内に存在する中性子の数によって決まり，その数を原子番号という。

② 原子核内に存在する陽子の数は質量数に等しい。

③ 私たちは日常生活の中で，食物や空気および大地や宇宙からの自然放射線を浴びている。

④ X線は電場(電界)と磁場(磁界)が進行方向に対して垂直に振動する縦波であり，胸のX線検診では，X線が縦波である性質を利用して，人体組織の疎密を調べている。

⑤ 原子力発電では，核分裂の連鎖反応が継続しないように原子炉を制御しながら，核エネルギーを取り出している。

問2 次の文章の空欄 ア ・ イ に入れる語の組合せとして最も適当なものを，次の①～⑥のうちから一つ選べ。

放射線には α 線，β 線，γ 線などがあるが，物質に対する透過力が最も強いものは ア 線である。α 線の本体は イ であり，電離作用が最も強い。

	ア	イ
①	α	高速の電子
②	α	波長の短い電磁波
③	β	ヘリウムの原子核
④	β	波長の短い電磁波
⑤	γ	高速の電子
⑥	γ	ヘリウムの原子核

***98 【6分・12点】

次の文章を読み，下の問いに答えよ。

リカさんは，放射線について関心を持ち，先生に質問した。

リカ：放射線は，どのようにして原子から生じるのですか。

先生：簡単な構造を持つ水素原子を例にして考えましょう。水素原子には，
$_{1}^{1}\text{H}$，$_{1}^{2}\text{H}$ および $_{1}^{3}\text{H}$ の三種類があります。

リカ：それらの原子には，どのような違いがあるのでしょうか。

先生：それぞれの水素原子の化学的な性質はほとんど同じですが，$_{1}^{3}\text{H}$ の原子核は
不安定なため，$_{2}^{3}\text{He}$ の原子核に変化します。

リカ：ということは，このときの変化では原子核そのものが変化するのですか。

先生：はいそうです。$_{2}^{3}\text{He}$ の原子核には，陽子と中性子がそれぞれいくつ含まれて
いますか。

リカ：陽子2個と中性子1個です。$_{1}^{3}\text{H}$ の原子核では，　　ア　　という変化がおこる
のですね。

先生：その変化で，放射線の一種である β 線が生じます。この変化で生じた $_{2}^{3}\text{He}$
の原子核は安定なため，これ以上の変化はおこりません。

リカ：$_{1}^{3}\text{H}$ の場合は，安定な原子核への変化の過程で，放射線が出ることがわかり
ました。

問1　下線部の三種類の水素原子の関係をあらわす語として最も適当なものを一つ選
べ。

① 同位体　　② 同素体　　③ 同族　　④ 導体　　⑤ 半導体

⑥ 混合物

問2　上の文章中の空欄　　ア　　に入る語句として最も適当なものを一つ選べ。

① 陽子1個がエネルギーに変わる

② 中性子1個がエネルギーに変わる

③ 電子1個が陽子1個に変わる

④ 陽子1個が中性子1個に変わる

⑤ 中性子1個が陽子1個に変わる

問3　β 線の説明として最も適当なものを一つ選べ。

① 高速の電子の流れ　　　② 高速の陽子の流れ

③ 高速の中性子の流れ　　④ 高速の $_{1}^{2}\text{H}$ の原子核の流れ

⑤ 高速の $_{2}^{4}\text{He}$ の原子核の流れ

***99** 【12分・20点】

次の文章を読み，下の問いに答えよ。

図1は，駅から自然放射線を測定しながら歩いたときの道のりを示したものであり，図2は，その結果をグラフに表したものである。ただし，測定された自然放射線は，空から降り注ぐガンマ線と大地(岩石，土，コンクリートなど)から放出されるガンマ線のみである。なお，シーベルト(Sv)とは，人体におよぼす影響の危険度を加味して計算された放射線の量の単位のことであり，測定値が $0.01\,\mu Sv/$ 時とは，その場所に1時間滞在すれば，$0.01\,\mu Sv$ の放射線量に人体がさらされることを示す。また，$0.01\,\mu Sv$ は $0.01\times10^{-6}\,Sv$ である。

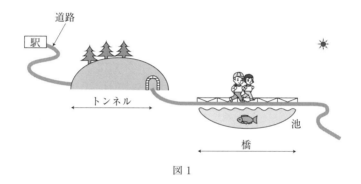

図1

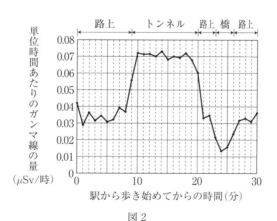

図2

問1 トンネルの長さは 300 m であったが，橋の長さを記録するのを忘れていた。そこで，次の測定条件と図2から橋の長さを推定することにした。

測定条件1：歩く速さは常に一定であった。

測定条件2：トンネル内では5分間立ち止まっていた。

橋の長さは何 m と考えられるか。 ☐ m

① 50 ② 100 ③ 150 ④ 200 ⑤ 300

問2 測定されたガンマ線は，光や電波と同じ電磁波である。ガンマ線の性質として**適当でないもの**を一つ選べ。

① 物体から放射状に放出されるガンマ線の強さは，物体から離れるほど弱くなる。

② 大量のガンマ線は人体に有害である。

③ ガンマ線は原子核の崩壊などにより放出される。

④ ガンマ線は，他の放射線であるアルファ線，ベータ線より透過力が小さい。

問3 トンネル内と路上(地表)における空からのガンマ線と大地からのガンマ線の量についての記述として最も適当なものを一つ選べ。なお，土や岩石が空からのガンマ線を遮る効果は空気より大きいことが知られており，トンネル内は岩石や土，コンクリートなどで覆われていることから，大地の中にあると考えられる。

① 路上に比べてトンネル内の方が，空からのガンマ線は多く，大地からのガンマ線は少ない。

② 路上に比べてトンネル内の方が，空からのガンマ線は少なく，大地からのガンマ線は多い。

③ 路上に比べてトンネル内の方が，空からのガンマ線も大地からのガンマ線も多い。

④ 路上に比べてトンネル内の方が，空からのガンマ線も大地からのガンマ線も少ない。

⑤ 路上とトンネル内とでは，空からのガンマ線も大地からのガンマ線もその量は変わらない。

問4 路上で測定した放射線の量に比べ，橋の上で測定した放射線の量が少ないのは，池の底の大地から放出されたガンマ線が水に遮られて橋に達する量が少なくなるためと考えられる。上空から地表に届くガンマ線も水によって遮られることを確かめるためには，図3のように防水した放射線測定器を水槽の底に固定し，水を入れながら水深とガンマ線の量の関係を調べればよい。この実験の結果が図4のようになったとする。図4について説明した文として最も適当なものを一つ選べ。ただし，水槽の材質はガンマ線をよく透過させるものとする。

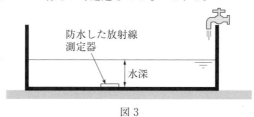

図3

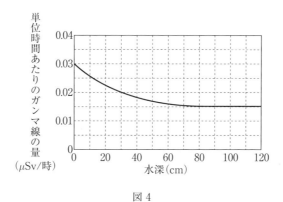

図4

① 水槽の下の大地から放出されるガンマ線の量は約 0.015 μSv/ 時である。

② 測定されたガンマ線の量は水深に反比例する。

③ 水深が 0 cm のときに測定されたガンマ線の量はその場における空からのガンマ線の量に等しい。

④ 空からのガンマ線は，水中を 80 cm 進むと，その量はほぼ半分になる。

問5 通常の胸部 X 線撮影で 1 回あたりに浴びる放射線の量は，50 μSv といわれている。図1のトンネル内に何日間滞在すれば，50 μSv の放射線を受けると考えられるか。最も適当なものを一つ選べ。 ☐ 日間

① 10 ② 30 ③ 100 ④ 300 ⑤ 1000

短期攻略 大学入学共通テスト 物理基礎

著　　　者	溝　口　真　己
発　行　者	山　﨑　良　子
印刷・製本	日 経 印 刷 株 式 会 社
発　行　所	駿 台 文 庫 株 式 会 社

〒 101-0062　東京都千代田区神田駿河台 1-7-4
小畑ビル内
TEL. 編集 03(5259)3302
販売 03(5259)3301
《④ － 192pp.》

ISBN978-4-7961-2342-6　　　Printed in Japan

駿台文庫 Web サイト
https://www.sundaibunko.jp

駿台受験シリーズ

短期攻略

大学入学 共通テスト

物理基礎

解答・解説編

駿台文庫
SUNDAIBUNKO

目　　次

第1章　運動とエネルギー

§1　運動の表し方

Box 1.　運動の表し方

□　**速度，加速度，グラフの活用**

微小の時間を Δt，変位を Δx，速度変化を Δv として，

速度　　$v=\dfrac{\Delta x}{\Delta t}$　　　$x\text{-}t$ グラフの接線の傾き（x は位置，t は時刻）

加速度　$a=\dfrac{\Delta v}{\Delta t}$　　　$v\text{-}t$ グラフの接線の傾き

変位　　s　　　　　$v\text{-}t$ グラフと t 軸で囲まれた面積

□　**等加速度直線運動の公式**

一定の加速度を a，時刻 $t=0$ における速度を v_0 として，

速度　　$v=v_0+at$

変位　　$s=v_0 t+\dfrac{1}{2}at^2$

　　　　$v^2-v_0{}^2=2as$

□　**相対速度**

速度 $\vec{v_\mathrm{a}}$ で動く観測者 a から速度 $\vec{v_\mathrm{b}}$ で動く物体 b を見たとき，観測者 a に対する物体 b の相対速度は，

　　$\vec{v_\mathrm{ab}}=\vec{v_\mathrm{b}}-\vec{v_\mathrm{a}}$

□　**自由落下，鉛直打ち上げ**

重力加速度の大きさを $g=9.8\,\mathrm{m/s^2}$ とする。静かに放した時刻を $t=0$ として，自由落下の速さと落下距離は，

速さ　　　$v=gt$

落下距離　$y=\dfrac{1}{2}gt^2$

打ち上げの時刻 $t=0$ における速度を v_0，位置を $y=0$ として，鉛直上向きを正とする速度と位置は，

速度　　$v=v_0-gt$

位置　　$y=v_0 t-\dfrac{1}{2}gt^2$

　　　　$v^2-v_0{}^2=-2gy$

1

問1 　1 ─② 　2 ─① 　問2 ②

　問1 　**速さ**は単位時間あたりの移動距離である。小球の移動距離は（小球の速さ）×（時間）であり，小球の速さ v の時間変化を表すグラフ（**v-t グラフ**）と t 軸で囲まれた面積に等しい。OP 間の距離は，

$$0.2\,\text{m/s} \times (10-0)\,\text{s} = \underset{\sim}{2}\,\text{m}$$

となり，下図の薄い影部の面積に等しい。また，PQ 間の距離は，下図の濃い影部の面積に等しいから，

$$\frac{1}{2} \times 0.2\,\text{m/s} \times (20-10)\,\text{s} = \underset{\sim}{1}\,\text{m}$$

となる。

　問2 　小球の**加速度**は単位時間あたりの速度変化であり，v-t グラフの傾きに等しい。小球が減速するとき，$t=10\,\text{s}$ から $20\,\text{s}$ で，速さが $0.2\,\text{m/s}$ から $0\,\text{m/s}$ に変化しているから，小球の進行方向を正の向きとする加速度は，

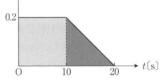

$$\frac{0\,\text{m/s} - 0.2\,\text{m/s}}{20\,\text{s} - 10\,\text{s}} = -0.02\,\text{m/s}^2$$

となる。その大きさは，$\underset{\sim}{0.02}\,\text{m/s}^2$ である。

【補足】 速度や加速度は大きさと向きをもつ量（ベクトル）である。速さは速度の大きさである。大きさだけで定まる量はスカラーである。

2

問1 　⑤ 　問2 　④

　問1 　打点 P から 5 打点ごとに印をつけているので，1 つの区間（印の間）の運動に要する時間は，

$$\frac{1}{50}\,\text{s} \times 5 = 0.1\,\text{s}$$

である。ある区間の距離は，$d=0.1691\,\text{m}$ である。よって，この区間における台車の**平均の速さ** v は，

$$v = \frac{0.1691\,\text{m}}{0.1\,\text{s}} = 1.691\,\text{m/s} \fallingdotseq \underset{\sim}{1.69}\,\text{m/s}$$

となる。

　図2において，$t=0.85\,\text{s}$ のとき，$v=1.69\,\text{m/s}$ となっている。

　問2 　台車の**加速度**の大きさは，図2の v-t グラフの直線の傾きに等しい。図2のグラフを読み取ると，$t=0\,\text{s}$ のとき，$v=0.02\,\text{m/s}$，$t=1.0\,\text{s}$ のとき，$v=1.98\,\text{m/s}$ である。加速度の大きさは，

$$\frac{1.98\,\text{m/s} - 0.02\,\text{m/s}}{1\,\text{s} - 0\,\text{s}} = \underset{\sim}{1.96}\,\text{m/s}^2$$

となる。

v-t グラフの直線が原点 O と，$(t,\ v)=(1.0\,\mathrm{s},\ 2.0\,\mathrm{m/s})$ を通過するものとして計算すると，加速度の大きさは，およそ，

$$\frac{2\,\mathrm{m/s}}{1\,\mathrm{s}}=2\,\mathrm{m/s^2}$$

である。選択肢の中で最も近いものは，1.96 $\mathrm{m/s^2}$ である。

3

問1 ④　　問2 ③　　問3 　1 —③，　2 —②

経過時間 t_1 と t_2 における物体の位置 P からの距離を x_1 と x_2 とすると，**平均の速さ**は，

$$\bar{v}=\frac{x_2-x_1}{t_2-t_1}$$

である。

問1　空欄 　ア 　に入る $t=0.2\,\mathrm{s}$ から $t=0.3\,\mathrm{s}$ の区間の平均の速さ $\bar{v}$ は，

$$\bar{v}=\frac{0.225\,\mathrm{m}-0.100\,\mathrm{m}}{0.3\,\mathrm{s}-0.2\,\mathrm{s}}=1.25\,\mathrm{m/s}$$

となる。

問2　空欄 　イ 　に入れる距離を x_1 として，$t=0.3\,\mathrm{s}$ から $t=0.4\,\mathrm{s}$ の区間の平均の速さ $\bar{v}=1.75\,\mathrm{m/s}$ は，

$$\bar{v}=\frac{x_1-0.225\,\mathrm{m}}{0.4\,\mathrm{s}-0.3\,\mathrm{s}}=1.75\,\mathrm{m/s}$$

のように表される。これにより，$x_1=0.400\,\mathrm{m}$ となる。

問3　平均の速さ $\bar{v}$ を縦軸に，経過時間 t を横軸にとってグラフに示すと下のようになる。平均の速さを求めた 0.1 s ごとの各区間の中間の時間($t=0.05\,\mathrm{s}$, 0.15 s, 0.25 s, …)における平均の速さを，その時間での**瞬間の速さ**として考える。瞬間の速さと時間の関係を示すグラフは直線になる。物体の加速度の大きさ a は，このグラフの傾きに等しく一定である。

表1の平均の速さが 0.25 m/s から 0.75 m/s に変化する時間を，

$$0.15\,\mathrm{s}-0.05\,\mathrm{s}=0.10\,\mathrm{s}$$

とすると，加速度の大きさは，

$$a=\frac{0.75\,\mathrm{m/s}-0.25\,\mathrm{m/s}}{0.10\,\mathrm{s}}=5.0\,\mathrm{m/s^2}$$

となる。

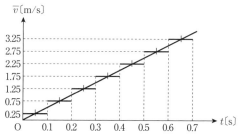

表1から，$t=0.2$ s，0.4 s，0.6 s における x は，それぞれ $x=0.100$ m，$x=0.400$ m，$x=0.900$ m である。t の比が $1:2:3$ のとき，x の比は $1:4:9$ となっている。これより，x は t の2乗に比例していることがわかる。

【補足】 $t=0.1$ s のとき，$x=0.025$ m であるから，

$$\frac{x}{t^2}=\frac{0.025\ \text{m}}{(0.1\ \text{s})^2}=2.5\ \text{m/s}^2$$

$$x=2.5\ \text{m/s}^2\times t^2$$

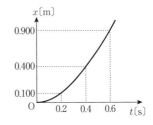

となる。x と t の関係は，a を用いて表すと，

$$x=\frac{1}{2}at^2$$

である。

4

問1 ③　　問2 ①　　問3 ④

問1 発進後に進んだ距離と時間の関係のグラフから，10 s から 40 s の 30 s 間に進んだ距離は，700 m -100 m $=600$ m である。このときの自動車の速度 v は，

$$v=\frac{600\ \text{m}}{30\ \text{s}}=20\ \text{m/s}$$

問2 $0\ \text{s}<t<10\ \text{s}$ で，自動車は一定の加速度で加速する。$10\ \text{s}<t<40\ \text{s}$ で，一定の速度で進む。また，$40\ \text{s}<t<60\ \text{s}$ で，一定の加速度で減速する。自動車の加速度は，自動車の速度 v と t の関係を表すグラフ（v–t グラフ）の傾きに等しいことから，最も適当なグラフは①である。加速度が一定のとき，v–t グラフは直線になる。v–t グラフが曲線であると，加速度は一定にならないことに注意しよう。

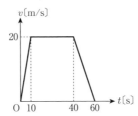

問3 v–t グラフの傾きが自動車の加速度 a に等しいことから，問2の正解のグラフをもとに考えると，

$0\ \text{s}<t<10\ \text{s}$ で，$a=\dfrac{20\ \text{m/s}}{10\ \text{s}}=2.0\ \text{m/s}^2=a_1$

$10\ \text{s}<t<40\ \text{s}$ で，$a=0\ \text{m/s}^2$

$40\ \text{s}<t<60\ \text{s}$ で，$a=\dfrac{0-20\ \text{m/s}}{60-40\ \text{s}}=-1.0\ \text{m/s}^2=a_2$

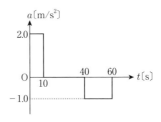

したがって，最も適当な組合せは④。

5

問1　④　　問2　③　　問3　③　　問4　①

問1　$t=40$ s における電車の速度 v は，

$$v=72 \text{ km/h} = \frac{72 \times 10^3 \text{ m}}{60 \times 60 \text{ s}} = 20 \text{ m/s}$$

である。初めの 40 s 間に電車が移動した距離 L は，v-t グラフと t 軸で囲まれた面積に等しいから，

$$L = \frac{1}{2} \times 20 \text{ m/s} \times 40 \text{ s} = \underline{400 \text{ m}}$$

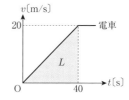

問2　初めの 40 s 間で電車の加速度は一定である。v-t グラフの傾きから，加速度 a は，

$$a = \frac{20 \text{ m/s}}{40 \text{ s}} = \underline{0.50 \text{ m/s}^2}$$

問3　自動車の速度を v_c とすると，電車に乗っている人から見た自動車の**相対速度** u は，

$$u = v_c - v$$

である。

問題のグラフの自動車の速度から電車の速度を差し引いて u-t グラフを示すと，右図のようになる。正しいグラフは③。

問4　自動車の速度は，

$$v_c = 36 \text{ km/h} = 10 \text{ m/s}（一定）$$

である。初めの 40 s 間に自動車が移動した距離は，

$$10 \text{ m/s} \times 40 \text{ s} = 400 \text{ m}$$

であり，問1で求めた電車の移動距離に一致する。

したがって，$t=40$ s のとき電車が自動車を追い越し，そのときの相対速度は，

$$u = 36 \text{ km/h} - 72 \text{ km/h} = \underline{-36 \text{ km/h}}$$

となる。

6

問1　④　　問2　③　　問3　②

問1　**自由落下**する小球の加速度の大きさ a は重力加速度の大きさ g に等しい。よって，a の時間変化を表すグラフとして最も適当なものは④である。

問2　時刻 t における小球の速さ v は，**等加速度直線運動**の公式により，

$$v = gt$$

である。よって，v の時間変化を表すグラフとして最も適当なものは ③ である。

問3　時刻 t における小球の落下距離 x は，等加速度直線運動の公式により，

$$x = \frac{1}{2}gt^2$$

である。よって，x の時間変化を表すグラフとして最も適当なものは ② である。

7

問1　④　　問2　②　　問3　①

重力加速度の大きさを $g = 9.8\,\mathrm{m/s^2}$ とする。

問1　図2から $t = 1.0\,\mathrm{s}$ に床に衝突するから，初めのボールの高さ h は，

$$h = \frac{1}{2}gt^2 = \frac{1}{2} \times 9.8\,\mathrm{m/s^2} \times (1.0\,\mathrm{s})^2 = 4.9\,\mathrm{m}$$

問2　鉛直上向きを正の向きとして，最初に床に衝突するまでのボールの速度は，

$$v = -gt$$

$t = 1.0\,\mathrm{s}$ の速度は，

$$v = -9.8\,\mathrm{m/s^2} \times 1.0\,\mathrm{s} = -9.8\,\mathrm{m/s}$$

である。このときの速さは $|v| = 9.8\,\mathrm{m/s}$ となる。

問3　床の位置を $y = 0$，ボールが $t = 1.0\,\mathrm{s}$ に床に衝突をした直後の速度を v_0 とする。$t = 1.0\,\mathrm{s}$ 以後，2回目に床に達するまでの位置 y は，時間 t において，

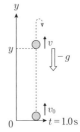

$$y = v_0(t - 1.0\,\mathrm{s}) - \frac{1}{2}g(t - 1.0\,\mathrm{s})^2$$

である。$t = 2.0\,\mathrm{s}$ に床に2回目の衝突をするから，

$$y = v_0 \times 1.0\,\mathrm{s} - \frac{1}{2} \times 9.8\,\mathrm{m/s^2} \times (1.0\,\mathrm{s})^2 = 0 \qquad \therefore\ v_0 = 4.9\,\mathrm{m/s}$$

【別解】　ボールが $t = 1.0\,\mathrm{s}$ 以後，2回目に床に衝突するまでの速度 v は，時間 t において，

$$v = v_0 - g(t - 1.0\,\mathrm{s})$$

である。図2より，$t=1.5\,\mathrm{s}$ のとき，ボールは最高点に達している。このとき，$v=0$ となるので，

$$v=v_0-9.8\,\mathrm{m/s^2}\times(1.5\,\mathrm{s}-1.0\,\mathrm{s})=0 \qquad \therefore\ v_0=4.9\,\mathrm{m/s}$$

【補足】　衝突直後に，ボールは床ではねかえり，速度は正になる。$t=2.0\,\mathrm{s}$ に2回目に床に衝突するまで，加速度が $-g$ の等加速度運動であるから，$v\text{-}t$ グラフの傾きは $-g$ である。したがって，$0<t<1.0\,\mathrm{s}$ のグラフと平行である。よって，ボールの速度 v の時間変化を表すグラフは右図のようになる。

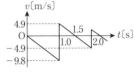

8

問1　⑥　　問2　③

　小球に重力が作用して**放物運動**をするとき，水平方向には力が作用しないのでこの方向の運動は**等速度運動**である。鉛直下向きに重力が作用するので，この方向の運動は重力加速度で運動する**等加速度運動**であり，鉛直投げ上げの運動と同じである。

　問1　小球が放物運動をするとき，水平方向の運動は等速度運動である。その速さは，

$$v\cos60°=\frac{v}{2}$$

である。小球を発射してから壁に到達するまでの時間 t は，

$$\ell=\frac{v}{2}t$$

$$\therefore\quad t=\frac{2\ell}{v}$$

となる。

　問2　小球が放物運動をするとき，鉛直方向の運動は等加速度運動である。その加速度は，$-g$（鉛直上向きを正）である。小球を発射したとき，鉛直方向の速さは，

$$v\sin60°=\frac{\sqrt{3}}{2}v$$

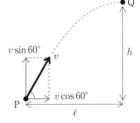

である。小球が最高点に達したとき，鉛直方向の速さが0になる。小球を発射してから最高点に到達するまでの時間 t_1 は，等加速度運動の速度の公式により，

$$\frac{\sqrt{3}}{2}v-gt_1=0$$

$$t_1=\frac{\sqrt{3}\,v}{2g}$$

として求めることができる。これは問1で求めた時間 t に等しい。鉛直方向の等加速度運動の変位の公式により，

$$h=\frac{\sqrt{3}}{2}vt_1-\frac{1}{2}gt_1{}^2=\frac{\sqrt{3}}{2}v\times\frac{\sqrt{3}\,v}{2g}-\frac{1}{2}g\left(\frac{\sqrt{3}\,v}{2g}\right)^2$$

$$= \frac{3v^2}{8g}$$

となる。

【別解】 鉛直方向の運動について，等加速度運動の公式により，

$$0 - \left(\frac{\sqrt{3}}{2}v\right)^2 = -2gh$$

$$\therefore \quad h = \frac{3v^2}{8g}$$

となる。

【補足】 小球の鉛直方向の速度は鉛直上向きを正とすると，

$$v_y = \frac{\sqrt{3}}{2}v - gt$$

である。v_y の時間変化のグラフは右図のようになる。グラフの傾きは $-g$ である。h は図中の影部の面積に等しいので，

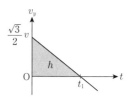

$$h = \frac{1}{2} \times \frac{\sqrt{3}}{2}v \times t_1 = \frac{3v^2}{8g}$$

となる。

9

問1 ②   問2 ⑨

問1 鉛直に打ち上げられた小球の運動は**等加速度運動**であり，その加速度の大きさは g である。小球が最高点に達するとき，小球の速度は 0 になるので，最高点に達する時刻を t_1 とすると，等加速度運動の速度の公式により，

$$v_0 - gt_1 = 0$$

$$\therefore \quad t_1 = \frac{v_0}{g}$$

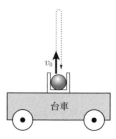

となる。

【補足】 小球が打ち出した位置に戻る時刻を $t_2(t_2 > 0)$ とすると，等加速度運動の変位の公式により，

$$v_0 t_2 - \frac{1}{2}gt_2^2 = 0$$

$$t_2\left(v_0 - \frac{1}{2}gt_2\right) = 0$$

$$\therefore \quad t_2 = \frac{2v_0}{g} = 2t_1$$

となる。

問2 打ち出す前に小球は台車と同じ速度で水平方向に運動している。その速度の大きさを u とする。小球が打ち出された直後，台車上から見て鉛直上向きに速さ v_0 で打ち上げられたとする。これを地上から見ると，小球は鉛直上向きの速度 v_0，水平方向の速度 u で打

ち出され，小球は**放物運動**をする。放物運動の鉛直方向の運動は問1の運動と同じである。また，水平方向の運動は速さ u の等速度運動である。打ち出してから落下するまでの時間は $2t_1$ であるから，この間に台車が移動した距離と小球が水平方向に移動した距離は等しく，$u \times 2t_1$ である。

したがって，小球が達する最高点の高さは，静止した台車から打ち出した場合と比べて変わらず，小球は発射装置の中に落下する。

身近な例として，一定速度で動く電車内で手から鉛直に打ち上げられた物体は，再び手に落下して戻ることを思い浮かべてみよう。

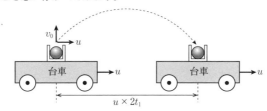

§2　運動の法則

Box 2.　いろいろな力

☐　**力は，何が何に及ぼしているかを明確にすることが大切。**

☐　**作用反作用の法則**
　　物体Aが物体Bに力を及ぼすとき，物体Bは物体Aに同じ大きさ，同じ作用線上の逆向きの力を及ぼす。

☐　**重力**
　　質量 m，重力加速度を $g = 9.8 \, \text{m/s}^2$ として，地表ではたらく重力の大きさは，
　　　　$F = mg$（鉛直下向き）

☐　**弾性力**
　　自然長からの変位の大きさを x，ばね定数を k として，ばねの弾性力の大きさは，
　　　　$F = kx$（変位の逆向き）

☐　**張力**
　　質量が無視できるひもの張力の大きさは，ひもの両端で等しい。

□　**垂直抗力，摩擦力**

　　垂直抗力 N：接触面に垂直な向きの抗力

　　摩擦力 R：接触面に平行な向きの抗力

□　**静止摩擦力，動摩擦力**

　　最大摩擦力：物体が動き出す直前にはたらく静止摩擦力

$$R_{\max}=\mu N \quad (\mu \text{ は静止摩擦係数})$$

　　静止摩擦力：$R \leqq \mu N$

　　動摩擦力：　$R=\mu' N$　（μ' は動摩擦係数）

　　静止摩擦力は摩擦がなければするであろう運動を妨げる向き，動摩擦力は現実の運動を妨げる向き。静止摩擦力は力のつりあいにより決まる。一般に $\mu' < \mu$ である。

10

問1　②　　問2　②

問1　小物体にはたらいている力 $\vec{F_1}$ と $\vec{F_2}$ を x 成分と y 成分に分けて表示すると，

$$\vec{F_1}=(4,\ 2)\text{N},\ \vec{F_2}=(-1,\ 3)\text{N}$$

である。合力 $\vec{F}=\vec{F_1}+\vec{F_2}$ の x 成分と y 成分は，

$$F_x=4\,\text{N}-1\,\text{N}=\underset{\sim}{3}\,\text{N}$$

$$F_y=2\,\text{N}+3\,\text{N}=\underset{\sim}{5}\,\text{N}$$

となる。

【別解】　下図のように合力 $\vec{F}$ を作図する。その x 成分と y 成分を求めると，

$$F_x=\underset{\sim}{3}\,\text{N},\ F_y=\underset{\sim}{5}\,\text{N}$$

となる。

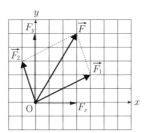

問2　次図の x 方向と y 方向の物体にひもからはたらく力のつりあいは，

$$F_\text{C}\cos45°-F_\text{A}=0$$

$$F_\text{C}\sin45°-F_\text{B}=0$$

である。これより，$F_\text{A}=\dfrac{F_\text{C}}{\sqrt{2}}$，$F_\text{B}=\dfrac{F_\text{C}}{\sqrt{2}}$ となる。よって，

$$F_\text{A}:F_\text{B}:F_\text{C}=\underset{\sim}{1:1:\sqrt{2}}$$

である。

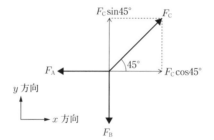

11

問1　③, ④　　問2　|　**1**　|—③　　|　**2**　|—④

問1　作用と反作用の関係の力は，力を受ける立場と及ぼす立場を入れ替えた関係の力である。それらの力の大きさは等しく，一直線上で互いに逆向きである(**作用反作用の法則**)。

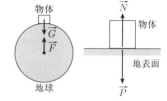

作用と反作用の力の組み合わせは，

・地球が物体を引く力(**重力**)$\vec{G}$ と物体が地球を引く力 $\vec{F}$($|\vec{G}|=|\vec{F}|$)

・地表面が物体を押す力(**垂直抗力**)$\vec{N}$ と物体が地表面を押す力 $\vec{P}$($|\vec{N}|=|\vec{P}|$)

物体が静止するとき，力のつりあいより，

$$|\vec{N}|=|\vec{G}|$$

作用反作用の法則と力のつりあいは全然違った法則であることに注意せよ。

問2　**作用反作用の法則**により，高校生から力士にはたらく力と力士から高校生にはたらく力は，一直線上逆向きで同じ大きさである(下図)。よって，$F_1=F_2$ である。作用反作用の法則は2物体にはたらく力についての原理である。最も適当なものは③である。

高校生が静止しているとき，水平方向の高校生にはたらく力のつりあいにより，$f_2=F_2$ である。力のつりあいは，注目する一つの物体にはたらく力の和が0になる法則である。最も適当なものは④である。

【補足】　力士と高校生の足の裏にはたらく垂直抗力の大きさを，それぞれ N_1, N_2, 重力の大きさを W_1, W_2 とする(右図)。鉛直方向の力のつりあいにより，

$$N_1=W_1,\ N_2=W_2$$

である。

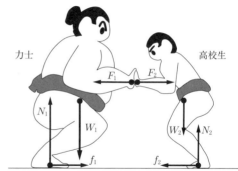

12

問1 ②   問2 ⑥

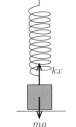

問1 物体が床から離れるとき，物体が床から受ける垂直抗力がちょうど 0 になり，物体にはたらく**弾性力**と重力がつりあう。ばねの自然の長さからの伸びが x のとき，物体がばねから受ける弾性力の大きさは kx であるから，力のつりあいにより，

$$kx - mg = 0$$
$$\therefore \quad x = \frac{mg}{k}$$

となる。

問2 重力加速度の大きさを g とする。

作用反作用の法則により，物体 A に物体 B が及ぼす力の大きさは F_1 でその向きは上向きである。A にはたらく力のつりあいにより，

$$F_1 - mg = 0$$
$$\therefore \quad F_1 = mg$$

である。また，B にはたらく力のつりあいにより，

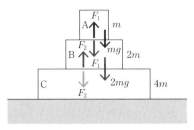

$$F_2 - F_1 - 2mg = 0$$
$$\therefore \quad F_2 = F_1 + 2mg = 3mg$$

である。
よって，

$$\frac{F_1}{F_2} = \frac{mg}{3mg} = \frac{1}{3}$$

となる。

作用反作用の法則により，物体 C に物体 B が及ぼす力の大きさは F_2 でその向きは下向きである。

13

問1 ┌ **1** ┐─②   ┌ **2** ┐─⑤   問2 ②

ばねの**弾性力**の大きさはばねの自然の長さからの伸び，または縮みに比例する（**フックの法則**）。その比例定数を**ばね定数**という。ばね定数を k，ばねの自然の長さからの伸び，または縮みを x として，弾性力の大きさ F は，

$$F = kx$$

である。

問1 ばね A，B の自然の長さからの伸びを x_A，x_B とする。物体 P，およびばね A，B の間のつなぎめにはたらく力は次図のようになる。つなぎめの質量を無視して，力のつりあいにより，

物体P　　　：$k_\mathrm{B}x_\mathrm{B} - mg = 0$

つなぎめ：$k_\mathrm{A}x_\mathrm{A} - k_\mathrm{B}x_\mathrm{B} = 0$

$k_\mathrm{A}x_\mathrm{A} = k_\mathrm{B}x_\mathrm{B} = mg$

$\therefore\quad x_\mathrm{A} = \dfrac{mg}{k_\mathrm{A}},\ x_\mathrm{B} = \dfrac{mg}{k_\mathrm{B}}$

となる。

　問2　重力加速度の大きさを g，ばね定数を k とする。下図左のように，質量 m のおもりをばねに鉛直につるしたとき，ばねが自然長から ℓ だけ伸びることから，弾性力と重力のつりあいより，$k\ell = mg$ である。

　下図中央のように，両端に質量 $\dfrac{m}{2}$ のおもりをつり下げたとき，つりあいより弾性力の大きさ F は，$F = \dfrac{m}{2}g$ である。したがって，$F = \dfrac{k\ell}{2}$ になるから，ばねの伸びは $\dfrac{\ell}{2}$ である。答は ②。

　または，次のように考えるとよい。仮に，ばねの片側を壁に固定し，質量 $\dfrac{m}{2}$ のおもりをつり下げた場合を考えてみよう（下図右）。壁がばねから受ける力は，$F = \dfrac{k\ell}{2}$ である。ばねを壁から外し，代わりに質量 $\dfrac{m}{2}$ のおもりをつり下げたら伸びは $\dfrac{\ell}{2}$ のままである。

　うっかりすると，選択肢③，④のように ℓ 伸びると思いがちだが，弾性力の大きさはばねの伸びに比例することに注意しよう。伸びが ℓ の場合，質量 $\dfrac{m}{2}$ のおもりはつりあわない。

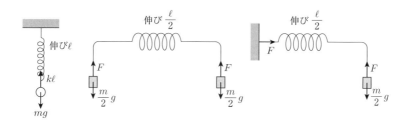

14

問1　①　　問2　③

　問1　物体の質量を $m = 100\,\mathrm{g} = 0.100\,\mathrm{kg}$，重力加速度の大きさを $g = 9.8\,\mathrm{m/s^2}$ とする。物体がひもから受ける**張力**の大きさを T とすると，力のつりあいにより，

$T - mg = 0$

$\therefore\quad T = mg = 0.100\,\mathrm{kg} \times 9.8\,\mathrm{m/s^2} = 0.98\,\mathrm{N}$

となる。質量の単位は kg であることに注意しよう。

問2　物体をつり下げるひもの張力の大きさを S，人が握っているひも
の張力の大きさを T とする。おもりのつりあいより，$S=mg$ である。右
図の P 点に作用する力の鉛直方向のつりあいにより，

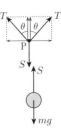

$$2T\cos\theta-S=0 \quad \therefore \quad T=\frac{S}{2\cos\theta}=\frac{mg}{2\cos\theta}$$

手に加わる力の大きさはこれに等しい。

15

問1　② 　　問2　④

物体の質量を m，物体と床の間の**静止摩擦係数**を μ，**動摩擦係数**を μ' とする。一般的に，
$\mu>\mu'$ である。

問1　引く力の大きさを F として，物体が静止しているとき，力のつりあいから，**静止
摩擦力**の大きさは，$R=F$ である。グラフの傾きは1であり，1, 2回目の実験で共通である。

一方，床面がより粗くなれば，摩擦係数はより大きくなる。重力加速度の大きさを g とし
て，**垂直抗力**は $N=mg$ であり，**最大摩擦力** $\mu N=\mu mg$ は 2 回目の実験の方が大きい。よっ
て，物体が動き始めるときの引く力 F の大きさは，2回目の実験の方が大きい。また，**動摩
擦力** $\mu'N=\mu'mg$ も 2 回目の実験の方が大きい。答は②。

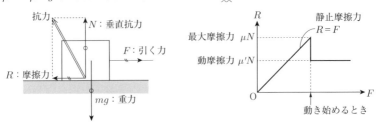

問2　3回目の実験では垂直抗力の大きさが，1回目の実験に比べ2倍になる。したがっ
て，最大摩擦力と動摩擦力の大きさは，1回目の実験に比べ2倍になる。答は④。

16

問1　1 ─② 　2 ─③ 　　問2　② 　　問3　①

問1　床と平板のなす角が $\theta(\theta<30°)$ のとき，下図のように，静止摩擦力の大きさを R，
垂直抗力の大きさを N とする。力のつりあいにより，

斜面に垂直な方向　$N-mg\cos\theta=0$

斜面に平行な方向　$R-mg\sin\theta=0$

$$\therefore \quad N=mg\cos\theta, \quad R=mg\sin\theta$$

となる。

問2　物体と平板の間の静止摩擦係数を μ とすると，物体が滑り始める直前で静止摩擦
力は**最大摩擦力**(μN) となる。滑らない条件は，

$$R \leqq \mu N$$

$$mg\sin\theta \leqq \mu mg\cos\theta$$

である。$\theta = 30°$ のとき，物体が滑り始める直前で
あるから等号が成立し，

$$mg\sin 30° = \mu mg\cos 30°$$

$$\therefore \quad \mu = \tan 30° = \frac{1}{\sqrt{3}}$$

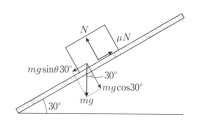

となる。

　問3　指，物体，および水平面にはたらく力は下図のようになる。つりあう力は，1つの
物体にはたらく力の和が $\vec{0}$ になる力である。物体にはたらく力は，$\vec{F_1}$ と $\vec{F_2}$ であり，力のつ
りあい $\vec{F_1} + \vec{F_2} = \vec{0}$ が成り立つ。

　作用と反作用の関係にある力は，力を及ぼし合う2物体にはたらく力である。その組合せ
は，$\vec{F_1}$ と $\vec{F_3}$，$\vec{F_2}$ と $\vec{F_4}$ である。作用と反作用の関係にある力は，同じ大きさで一直線上の逆
向きの力である。

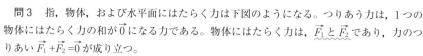

Box 3. 運動方程式

□　**運動方程式**

　質量 m の物体にはたらく力の和を $\vec{F}$，生じた加速度
を $\vec{a}$ として，

$$m\vec{a} = \vec{F}$$

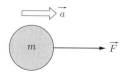

【注意】$\vec{F}$ には物体が他から受ける力だけを含め，物
　　体が他に及ぼす力を入れてはいけない。

【運動方程式の立て方】

　①物体ごとにはたらく力を調べる。何が何から受けている力か注意する。

　②運動の条件，向きに注意して加速度を設定する。

　③未知の力には適当に記号（T，S など）を付ける。

　④力を分解し，正の向きを決めて，運動方程式を物体ごとに立てる。

　⑤一般に，張力，垂直抗力などは未知量の力として運動方程式に含まれ，運動方
　　程式を連立して加速度とともに求める。

□　**力の単位**

● 1 N（ニュートン）：質量 1 kg の物体に 1 m/s^2 の加速度が生じるとき，はたらく
　力の大きさ。

● 1 kgw（キログラム重）：地表で質量 1 kg の物体にはたらく重力の大きさ。「重さ」
　は，重力の大きさを表す。

$$1\,\text{N} = 1\,\text{kg} \times 1\,\text{m/s}^2 \quad 1\,\text{kgw} = 1\,\text{kg} \times 9.8\,\text{m/s}^2 = 9.8\,\text{N}$$

17

問1　④　　問2　②　　問3　③

問1　小球が OP 間を運動するときの加速度の大きさを a とする。水平方向の**運動方程式**により，

$$0.5\,\text{kg} \times a = 2.0\,\text{N} \qquad \therefore \quad a = 4.0\,\text{m/s}^2$$

となる。

問2　小球が点 P を通過するときの速さを v とする。**等加速度直線運動**の公式により，

$$v = 4.0\,\text{m/s} + 4.0\,\text{m/s}^2 \times 3.0\,\text{s} = 16\,\text{m/s}$$

となる。

問3　OP 間の距離を x とする。等加速度直線運動の公式により，

$$x = 4.0\,\text{m/s} \times 3.0\,\text{s} + \frac{1}{2} \times 4.0\,\text{m/s}^2 \times (3.0\,\text{s})^2 = 30\,\text{m}$$

となる。

18

問1　②　　問2　②

問1　物体の加速度を a（斜面に沿って上向きを正），物体が斜面から受ける垂直抗力の大きさを N とする。物体の**運動方程式**により，

斜面平行成分：$ma = -mg\sin\theta$

斜面垂直成分：$m \times 0 = N - mg\cos\theta$

$$\therefore \quad a = -g\sin\theta, \quad N = mg\cos\theta$$

よって，加速度の大きさは $|a| = g\sin\theta$ となる。ここで，斜面に垂直な向きの物体の加速度成分は 0 であることに注意しよう。つまり，斜面に垂直な方向の力はつりあっている。

問2　斜面の下端に戻ってきたときの変位は 0 である。**等加速度直線運動**の公式により，

$$v_0 T + \frac{1}{2} a T^2 = 0$$

$$\therefore \quad v_0 = -\frac{1}{2} a T = \frac{1}{2} g T \sin\theta$$

となる。

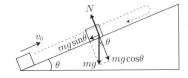

19

問1　①　　問2　⑤

問1　おもりの加速度を a（鉛直上向きを正）とする。おもりの**運動方程式**により，

$$ma = T - mg \qquad \therefore \quad a = \frac{T}{m} - g$$

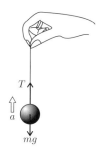

問2　おもりは水平方向に一定の加速度で運動する。おもりの加速度を a（水平右向きを正），糸の張力の大きさを T とする。おもりの運動方程式により，

　　　　水平成分：$ma=T\sin\theta$

　　　　鉛直成分：$m\times0=T\cos\theta-mg$

　　　　$\therefore\ \ T=\dfrac{mg}{\cos\theta}$　　，　　$a=\dfrac{T\sin\theta}{m}=g\tan\theta$

　ここで，加速度の鉛直成分は0であることに注意しよう。つまり，鉛直方向の力はつりあっている。

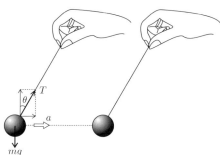

20

問1　②　　問2　②

　問1　物体を大きさ F の力で引いているとき，右向きに運動している物体にはたらく力は下図のようになる。物体があらい水平面から受ける垂直抗力の大きさを N とすると，その動摩擦力の大きさは $\mu'N$ である。物体の加速度の大きさを a として，**物体の運動方程式**は，

　　　　水平方向：$Ma=F-\mu'N$　　…①

　　　　鉛直方向：$0=N-Mg$　　…②

である。式②より，$N=Mg$ となるから，

　　　　$\mu'N=\mu'Mg$

となる。

　問2　式①より，

　　　　$Ma=F-\mu'Mg$

$$\therefore \quad a=\frac{F}{M}-\mu' g$$

となる。

21

問1　②　　問2　③

問1　物体にはたらく動摩擦力の大きさは $\mu'N$ であり，その向きは物体の運動を妨げる向きである。加速度は斜面に平行であることに注意して，物体の**運動方程式**を斜面に平行な向きと垂直な向きに分けて立てると，

$$\begin{cases} ma=mg\sin\theta-\mu'N & \cdots① \\ 0=N-mg\cos\theta & \cdots② \end{cases}$$

となる。
　式②により，

$$N=mg\cos\theta$$

である。
　問2　式①により，

$$a=g\sin\theta-\frac{\mu'N}{m}=g(\sin\theta-\mu'\cos\theta)$$

となる。

22

問1　②　　問2　④

問1　物体1が2に及ぼす力（右向き）の大きさを P，加速度を a として，物体2の**運動方程式**は，

$$Ma=P \quad\quad\cdots\cdots①$$

作用反作用の法則により，物体2が1に及ぼす力の大きさは P に等しく，左向きである。物体1の加速度は a に等しいから，その運動方程式は，

$$ma=F-P \quad\quad\cdots\cdots②$$

式①＋式②より，

$$(M+m)a=F \quad\therefore\quad a=\frac{F}{M+m}=\frac{6\,\mathrm{N}}{3\,\mathrm{kg}}=2\,\mathrm{m/s^2}$$

問2　式①より，$P=Ma=2\,\mathrm{kg}\times2\,\mathrm{m/s^2}=4\,\mathrm{N}$

23

問1　⑥　　問2　①

問1　物体AとBをつなぐ糸の張力の大きさを T，AとBの共通の加速度を，図の左向きを正として a とする。AとBの**運動方程式**はそれぞれ，

$$\mathrm{A}:Ma=F-T \quad\quad\cdots\cdots①$$

$$B：ma=T \qquad ……②$$

である。軽い糸の両端で張力の大きさは等しいことに注意しよう(問題 **24** の解説を参照)。

式①+式②より,

$$(M+m)a=F$$

$$\therefore \quad a=\frac{F}{M+m}$$

となる。

問2　式②より,

$$T=ma=\frac{m}{M+m}F$$

となる。

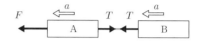

24

問1　③　　問2　⑤

問1　おもりA,Bが糸から受ける力の大きさを,T_A,T_Bとする。**作用反作用の法則**により,糸がおもりA,Bから受ける力の大きさは,T_A,T_Bである。

全体の加速度をa(鉛直上向きを正)として,おもりA,B,および糸の**運動方程式**をそれぞれ立てると,

$$A：ma=F-T_A-mg \qquad ……①$$
$$B：Ma=T_B-Mg \qquad ……②$$
$$糸：0×a=T_A-T_B \qquad ……③$$

ここで,糸の質量は無視していることに注意しよう。

式①+式②+式③より,

$$(M+m)a=F-(M+m)g$$

これは全体を一つにまとめたものの運動方程式である。よって,

$$a=\frac{F}{M+m}-g$$

となる。

問2　式②より,

$$T_B=M(g+a)=\frac{M}{M+m}F$$

となる。

【補足】　式③より,$T_A=T_B$となる。糸の質量が無視できるとき,糸の両端ではたらく張力の大きさは等しい。

また,式①より

$$T_A=F-m(g+a)=F-\frac{m}{M+m}F=\frac{M}{M+m}F$$

となる。

25

問1　 1 －⑦, 2 －③　　問2　③　　問3　④

問1　**運動方程式**は,

球A(下向き正)：$Ma=Mg-T$ ……①

球B(上向き正)：$ma=T-mg$ ……②

問2　式①＋式②より,

$$(M+m)a=(M-m)g \quad \therefore \quad a=\frac{M-m}{M+m}g$$

式①より，$T=M(g-a)=\dfrac{2Mm}{M+m}g$

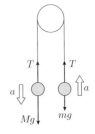

問3　Aが床に衝突したとき，Aが床に衝突する直前の速さと同じ速さをBはもつ。この速さ v は，**等加速度直線運動の公式**により，

$$v^2-0^2=2ah$$

$$\therefore \quad v=\sqrt{2ah}=\sqrt{\frac{2(M-m)}{M+m}gh}$$

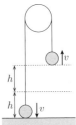

Box 4.　水圧と浮力

□　**水圧**

同じ深さの水圧は面の向きによらず等しい。

重力の作用下では，つながった水中の同じ高さの水平面内の圧力は等しい。

水の密度を ρ，重力加速度の大きさを g とする。水面からの深さ h の点における圧力 p は，大気圧 p_0 と水圧 $\rho g h$ の和に等しく，

$$p=p_0+\rho g h$$

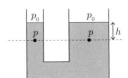

□　**浮力**

液体と気体をまとめて流体という。浮力は流体から物体の表面に垂直にはたらく力の和であり，その大きさは物体が排除した流体の重さに等しい。流体中の物体の体積を V，流体の密度を ρ として，

$$F=\rho V g \quad (鉛直上向き)$$

この公式は，物体と同形の静止流体を考え，それにはたらく重力と浮力がつりあうことからも示される。

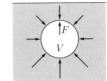

26

問1 ┌─ **1** ─┐ -②, ┌─ **2** ─┐ -④, ┌─ **3** ─┐ -⑥　　問2 ⑤　　問3 ①

　問1　水柱の上面と下面が受ける力の大きさは，それぞれ $p_0 S$, pS である。また，水柱の重さは ρShg である。水柱は静止しているので，水柱にはたらく力のつりあいにより，

$$pS - p_0 S - \rho Shg = 0$$
$$\therefore \quad p = p_0 + \rho hg$$

　問2　水面の大気圧を p_0 として，水面からの深さ $h_1 = 100\,\text{m}$ と $h_2 = 200\,\text{m}$ の点における圧力の差は，

$$(p_0 + \rho h_2 g) - (p_0 + \rho h_1 g)$$
$$= \rho (h_2 - h_1) g$$
$$= 1.0 \times 10^3\,\text{kg/m}^3 \times 100\,\text{m} \times 9.8\,\text{m/s}^2$$
$$= 9.8 \times 10^5\,\text{Pa}$$

　問3　コップの外側の水面の圧力は大気圧 P_0 に等しい。また，つながった液体中の同じ高さの水平面内の圧力は等しいから，コップの外側の水面と同じ高さにあるコップの内側の液体中の圧力は P_0 に等しい。

　コップの内側の高さの差が h の部分の液体の柱の質量は ρSh であり，それにはたらく重力の大きさは ρShg である。この液柱にはたらく力のつりあいにより，

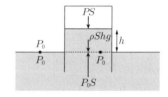

$$PS - P_0 S + \rho Shg = 0$$
$$\therefore \quad P = P_0 - \rho hg$$

となる。

27

問1 ┌─ **1** ─┐ -①　┌─ **2** ─┐ -③　　問2 ②

　問1　円柱の上面と下面の位置における圧力は，それぞれ，

$$p_1 = p_0 + \rho x g$$
$$p_2 = p_0 + \rho (h + x) g$$

である。上面と下面にはたらく力は，それぞれ，

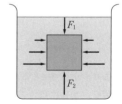

$$F_1 = p_1 S = p_0 S + \rho Sxg$$
$$F_2 = p_2 S = p_0 S + \rho S (h + x) g$$

となる。

　問2　円柱の側面にはたらく力の総和はゼロである。したがって，円柱全体にはたらく力の合力の大きさ F は，

$$F = F_2 - F_1 = \rho Shg$$

その力の向きは鉛直上向きである。この力が**浮力**である。

　浮力の大きさは，円柱が排除した液体の重さ（液体にはたらく重力の大きさ）に等しい。こ

れを**アルキメデスの原理**という。

28

問1 ⎡1⎤ー③ ⎡2⎤ー② 問2 ⑤

問1 物体A全体が水中に沈んでいるとき，鉛直方向の力のつりあいにより，物体Aにはたらく重力の大きさは，物体Aにはたらく浮力の大きさに等しい。物体Aの質量をmとすると，地球表面上で物体Aにはたらく浮力の大きさF_Eは，

$$F_E - mg = 0$$
$$F_E = mg$$

であり，月面上で物体Aにはたらく浮力の大きさF_Mは，

$$F_M - m \cdot \frac{g}{6} = 0$$
$$F_M = \frac{1}{6} mg$$

である。よって，F_Mの方が小さい。

物体Bの質量をM，水の密度をρとする。問題の図2のように，物体Bが水中に沈んでいるときの沈んだ部分の体積をVとする。このとき，物体Bにはたらく浮力の大きさは，アルキメデスの原理により物体が排除した水の重さに等しいので，$\rho V g$である。力のつりあいにより，

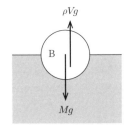

$$\rho V g - Mg = 0$$
$$V = \frac{M}{\rho}$$

となる。Vは重力加速度の大きさによらない。

月面上で実験したときの物体Bの水中に沈んでいるときの沈んだ部分の体積をV'とする。月面上では，gを$\frac{g}{6}$として，同様の力のつりあいが成り立つので，

$$\rho V' \cdot \frac{g}{6} - M \cdot \frac{g}{6} = 0$$
$$V' = \frac{M}{\rho}$$

となり，沈んでいる部分の体積V'はVに等しい。よって，最も適当な図は(b)である。

問2 物体にはたらく力は，重力mg，弾性力kx，浮力$\rho V g$である。これらの力のつりあいにより，

$$0 = kx + \rho V g - mg$$
$$\therefore \ \rho = \frac{mg - kx}{Vg}$$

となる。

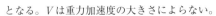

§3　仕事と力学的エネルギー

Box 5.　仕事

☐　**仕事**

　力の大きさを F，移動距離を s，力の向きと変位の向きのなす角を θ として，仕事 W は，

$$W=Fs\cos\theta$$

　仕事＝(力の変位方向の成分)×(移動距離)，または，仕事＝(力の大きさ)×(力の方向の変位成分)である。

$$0\leqq\theta<90°\text{ のとき，}W>0$$
$$\theta=90°\text{ のとき，}W=0$$
$$90°<\theta\leqq180°\text{ のとき，}W<0$$

物体の運動エネルギーは，物体がされた仕事だけ変化する。

☐　**重力の仕事**

　質量 m の物体が重力 mg を受けて距離 h 下がるとき，重力がする仕事 W は，

$$W=mgh$$

距離 h 上がるときは，

$$W=-mgh$$

☐　**弾性力の仕事**

　ばね定数を k とする。ばねにつながれた物体がばねの伸び x，または縮み x の位置から自然長の位置に戻るとき，ばねの弾性力が物体にする仕事 W は，

$$W=\frac{1}{2}kx^2$$

【注意】重力と弾性力の仕事は，始点と終点の位置により決まり，途中の経路の選び方によらない。このような性質をもつ力を**保存力**という。

☐　**摩擦の仕事**

　物体が一定の摩擦力の大きさ R を受けて粗い面を距離 s すべるとき，摩擦力がする仕事 W は，

$$W=Rs\cos180°=-Rs$$

【注意】摩擦の仕事は，途中の経路の選び方による。摩擦力は**非保存力**である。

29

問1 ④   問2 | 1 |-① | 2 |-④

問1 加えた力の大きさを $F=2.0\,\mathrm{N}$，OP 間の距離を $s=30\,\mathrm{m}$，小球に加えた力が OP 間で小球にした**仕事**を W とすると，

$$W=Fs\cos0°=Fs=2.0\,\mathrm{N}\times30\,\mathrm{m}=\underset{\sim}{60}\,\mathrm{J}$$

となる。

問2 小球が点 O と点 P を通過するときの運動エネルギーを，それぞれ K_0，K_P とする。K_0 は，

$$K_0=\frac{1}{2}\times0.50\,\mathrm{kg}\times(4.0\,\mathrm{m/s})^2=\underset{\sim}{4.0}\,\mathrm{J}$$

である。**小球の運動エネルギーの変化は小球がされた仕事に等しい**から，

$$K_P-K_0=W$$
$$\therefore\quad K_P=K_0+W=\underset{\sim}{64}\,\mathrm{J}$$

となる。

30

問1 ①   問2 ①

問1 小物体を斜面に沿ってゆっくり引き上げるとき，小物体に斜面に沿って上向きに加えた力の大きさを F とする。小物体の加速度を 0 として考えると，小物体にはたらく力はつりあうから，

$$F=mg\sin\theta$$

である。小物体を高さ h だけ引き上げるとき，斜面に沿って引き上げた距離 ℓ は，

$$\ell=\frac{h}{\sin\theta}$$

である。このとき，加えた力がした仕事 W は，

$$W=F\ell=\underset{\sim}{mgh}$$

となる。W は重力による**位置エネルギー**として蓄えられる。

【補足】 上図の N は小物体が斜面から受ける垂直抗力の大きさであり，

$$N=mg\cos\theta$$

である。

問2 小物体が位置 Q から位置 P へ運動するとき，重力が小物体にする仕事は W に等しく，mgh であり，重力による位置エネルギーの減少分に等しい。重力の仕事は始点と終点の位置で決まり，途中の経路の選び方によらない。重力は**保存力**である。小物体が位置 P を通過するときの運動エネルギーを K とすると，運動エネルギーの変化とされた仕事の関係により，

$$K-0=mgh$$

$$\therefore \quad K = mgh$$

となる。ここで，小物体が斜面から受ける垂直抗力は，小物体の移動方向に垂直であるから仕事をしないことに注意しよう。

【別解】 小物体の運動では運動エネルギーの増加分が位置エネルギーの減少分に等しく，力学的エネルギーが保存する。位置 Q を重力による位置エネルギーの基準点として，**力学的エネルギー保存則**により，

$$K + 0 = 0 + mgh$$
$$\therefore \quad K = mgh$$

となる。

Box 6. 位置エネルギーと力学的エネルギー保存則

☐ **保存力と位置エネルギー**

　　仕事が始点と終点の位置で決まり，途中の経路の選び方によらない力を**保存力**という。重力と弾性力は保存力である。

　　保存力に対して，**位置エネルギー**が定義される。ある点 P の位置エネルギーは，物体が点 P から基準点まで移動するとき，保存力がする仕事を表し，基準点から点 P まで物体をゆっくり移動させるとき，保存力に逆らう力の仕事がエネルギーとして蓄えられたものである。

☐ **位置エネルギーの公式**

① **重力による位置エネルギー**：重力を mg，基準点からの高さを y として，
$$U = mgy$$

② **弾性力による位置エネルギー（弾性エネルギー）**：ばね定数を k，自然長からの変位を x として，
$$U = \frac{1}{2}kx^2$$

☐ **力学的エネルギー保存則**

　　物体の質量を m，速さを v とする。

① **重力だけが仕事をする場合**
$$\frac{1}{2}mv^2 + mgy = 一定$$

② **弾性力だけが仕事をする場合**
$$\frac{1}{2}mv^2 + \frac{1}{2}kx^2 = 一定$$

31

問1　③　　問2　⑥

問1　小物体の速度を v，質量を m，重力加速度の大きさを g，斜面の水平面となす角度

をθとする。小物体の加速度aは，小物体の**運動方程式**により，

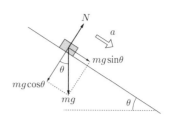

$$ma = mg\sin\theta$$
$$a = g\sin\theta$$

である。初速度は0であるから，

$$v = at = g\sin\theta\,t$$

となる。よって，小物体の運動エネルギーKは，

$$K = \frac{1}{2}mv^2 = \frac{1}{2}m(g\sin\theta\,t)^2$$

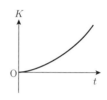

となる。Kの時間変化を表すグラフは③である。

【補足】　図のNは，小物体が斜面から受ける垂直抗力の大きさで，$N = mg\cos\theta$である。

問2　Qから測ったPの高さをhとする。

重力だけが仕事をするから**力学的エネルギー保存則**が成り立つ。

(a)の場合，

$$\frac{1}{2}mv_\mathrm{a}^2 = \frac{1}{2}mv^2 + mgh$$
$$v_\mathrm{a} = \sqrt{v^2 + 2gh}$$

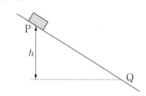

(b)の場合，

$$\frac{1}{2}mv_\mathrm{b}^2 = \frac{1}{2}mv^2 + mgh$$
$$v_\mathrm{b} = \sqrt{v^2 + 2gh}$$

(c)の場合，

$$\frac{1}{2}mv_\mathrm{c}^2 = mgh$$
$$v_\mathrm{c} = \sqrt{2gh}$$

よって，$v_\mathrm{a} = v_\mathrm{b} > v_\mathrm{c}$となる。

32

問1　⑤　　問2　③　　問3　④

おもりの質量をmとする。

問1　地上に立つ観測者（慣性系）からみて，おもりには重力mgと糸から張力Sがはたらく。最も適当な図は⑤。

問2　摩擦や空気の抵抗を無視すれば，おもりが運動しているとき，**力学的エネルギー保存則**が成り立つから，（運動エネルギー）＋（重力による位置エネルギー）＝一定である。点Aと点Dでの力学的エネルギーは等しい。点Aでは位置エネルギーが最小になるから運動エネルギーは最大になる。点Dでは運動エネルギーが0（最小）になり，位置エネルギーが最大になる。点Aから点Dに向かう途中の運動では，運動エネルギー

の減少分が位置エネルギーの増加分に等しい。

問3　点Aでのおもりの速さをvとする。点Aと点Dの力学的エネルギーが等しいから，

$$\frac{1}{2}mv^2 + mg \times 0 = \frac{1}{2}m \times 0^2 + mgh$$

$$v = \sqrt{2gh}$$

速さが$\frac{v}{2}$になる点の点Aから測った高さをh'とする。その点と点Dの力学的エネルギーが等しいから，

$$\frac{1}{2}m\left(\frac{v}{2}\right)^2 + mgh' = \frac{1}{2}m \times 0^2 + mgh$$

$$\therefore \quad h' = h - \frac{v^2}{8g} = h - \frac{h}{4} = \frac{3}{4}h$$

となる。

33

問1　⑧　問2　⑤

問1　小球が糸から受ける張力の大きさをTとすると，小球にはたらく力は右図のようになる。小球にはたらく重力の糸に平行な成分f_1は，

$$f_1 = mg\cos\theta$$

であり，垂直な成分f_2は，

$$f_2 = mg\sin\theta$$

となる。

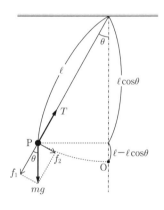

問2　小球が運動するとき，糸の張力は小球の速度に垂直な向きにはたらくから仕事をしない。小球にはたらく重力だけが仕事をするから，**力学的エネルギー保存則**により，(小球の運動エネルギー)＋(重力による位置エネルギー)＝一定である。

点Pにおける重力による位置エネルギーは，基準点を最下点Oにとると，

$$mg\ell(1-\cos\theta)$$

である。よって，

$$\frac{1}{2}mv^2 + mg \times 0 = \frac{1}{2}m \times 0^2 + mg\ell(1-\cos\theta)$$

$$\therefore \quad v = \sqrt{2g\ell(1-\cos\theta)}$$

となる。

34

問1　| 1 |－①　| 2 |－②　問2　⑤

問1　重力mgによる運動は，鉛直下向きの重力加速度gの運動である。鉛直方向の運動

は，等加速度運動である。水平方向には力が作用しないから，水平方向の運動は，等速度運動である。

問2 重力だけが仕事をするから，**力学的エネルギーが保存する**。グラウンドを位置エネルギーの基準にとって，

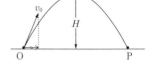

$$\frac{1}{2}mv^2 + mgH = \frac{1}{2}mv_0{}^2 + 0$$

$$\therefore \quad v = \sqrt{v_0{}^2 - 2gH}$$

35

問1 ②　　問2 ⑤

問1 下図のようにばねの両端を手でもって支えているとしよう。**フックの法則**により，ばねの自然の長さからの伸びが x のとき，手がばねから受ける弾性力の大きさは，kx である。この力と手がばねの端に加える力 F の関係は作用と反作用の関係である。**作用反作用の法則**により，これらの力の大きさは等しいから，

$$F = kx$$

$$\therefore \quad x = \frac{F}{k}$$

となる。

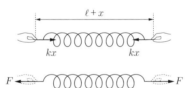

また，ばねは静止しているので，ばねが受ける力のつりあいにより，ばねの両端が手から受ける力の大きさは等しいことに注意しよう。

片方の手を壁と考えて，ばねの一端を壁に固定して大きさ $F = kx$ の力を加えても，伸び x は同じである。

【補足】 ばねを左右半分ずつ分けて考えると，それぞれの伸びは $\frac{x}{2}$ である。この場合，半分に分けたばねのばね定数を k' として，弾性力の大きさは，

$$k'\frac{x}{2} = kx$$

$$k' = 2k$$

となる。半分に分けたばねのばね定数は，もとのばねのばね定数の2倍になることに注意しよう。

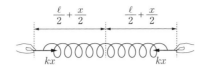

問2　ばねが自然の長さからxだけ伸びているときに，ばねが蓄えている**弾性エネルギー**は，$\dfrac{1}{2}kx^2$である。これは手からばねにした仕事の合計がエネルギーとして蓄えられたものである。よって，求める仕事は，$\dfrac{1}{2}kx^2$である。

ばねを伸ばすとき手がした仕事の合計は，手を同時に動かしても，一方の手を固定して片手だけを動かしても同じである。

36

問1　②　　問2　③

問1　位置xにおけるばねの自然長からの変位の大きさは$|x-a|$だから，弾性エネルギーUは，
$$U=\frac{1}{2}k(x-a)^2$$
である。位置xにおける速さをvとして，**力学的エネルギー保存則**は，
$$\frac{1}{2}mv^2+\frac{1}{2}k(x-a)^2=0+\frac{1}{2}kb^2$$
よって，運動エネルギーは，
$$K=\frac{1}{2}mv^2=\frac{1}{2}kb^2-\frac{1}{2}k(x-a)^2$$
正しいグラフは②。

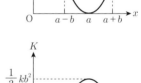

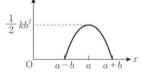

問2　弾性エネルギーがゼロのとき，つまりばねが自然の長さのときに運動エネルギーが最大になる。最大の速さ$v_{\max}$は，力学的エネルギー保存則により，
$$\frac{1}{2}mv_{\max}{}^2+0=0+\frac{1}{2}kb^2 \qquad \therefore\ v_{\max}=\sqrt{\frac{k}{m}}\,b$$

37

問1　③　　問2　⑦

問1　小物体が板に衝突して，板と一体となってばねが縮んだとする。ばねの弾性力だけが仕事をするから，**力学的エネルギー保存則**により，（小物体の運動エネルギー）＋（弾性エネルギー）＝一定である。ここで，板は軽いから板の質量は無視でき，板の運動エネルギーは無視する。

小物体の質量を$m=1.0$kg，小物体が板に到達したときの速さを$v=1.2$m/s，ばね定数

を $k=9\times10^2\,\mathrm{N/m}$ とする。ばねの自然の長さからの縮みの最大値を x とすると，

$$\frac{1}{2}m\times0^2+\frac{1}{2}kx^2=\frac{1}{2}mv^2+\frac{1}{2}k\times0^2$$

$$\therefore\quad x=v\sqrt{\frac{m}{k}}$$

$$=1.2\,\mathrm{m/s}\times\sqrt{\frac{1.0\,\mathrm{kg}}{9\times10^2\,\mathrm{N/m}}}$$

$$=1.2\,\mathrm{m/s}\times\frac{1}{30}\,\mathrm{s}$$

$$=\underline{0.04\,\mathrm{m}}$$

となる。

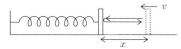

【補足】 力の単位は 〔N〕＝〔kg·m/s^2〕である。

　問2　点 S と点 Q での小物体の速さを，それぞれ $v_\mathrm{S}=0.10\,\mathrm{m/s}$，$v_\mathrm{Q}=1.2\,\mathrm{m/s}$，重力加速度の大きさを $g=10\,\mathrm{m/s^2}$ とする。また，水平面 PQ から測った点 S の高さを h とする。水平面を重力による位置エネルギーの基準面として，力学的エネルギー保存則により，

$$\frac{1}{2}mv_\mathrm{S}^2+mgh=\frac{1}{2}mv_\mathrm{Q}^2+0$$

$$\therefore\quad h=\frac{v_\mathrm{Q}^2-v_\mathrm{S}^2}{2g}=\frac{(1.2\,\mathrm{m/s})^2-(0.10\,\mathrm{m/s})^2}{2\times10\,\mathrm{m/s^2}}=0.0715\,\mathrm{m}\fallingdotseq\underline{0.07\,\mathrm{m}}$$

となる。

38

問1　②　　問2　②

「バンジージャンプ」をモデル化した問題である。

　問1　つりあいのとき，ゴムひもの自然長からの伸びは $\frac{5}{4}\ell-\ell=\frac{\ell}{4}$ である。ゴムひもに蓄えられた弾性エネルギーは，

$$\frac{1}{2}k\left(\frac{\ell}{4}\right)^2=\underline{\frac{k\ell^2}{32}}$$

　問2　小球には重力と弾性力が仕事をするから，**力学的エネルギーが保存し**，（小球の運動エネルギー）＋（重力による位置エネルギー）＋（弾性エネルギー）＝一定である。重力による位置エネルギーの基準を床の位置にとる。スタンドの上端と床に衝突する直前の力学的エネルギーが等しいことから，

$$\frac{1}{2}k(L-\ell)^2=mgL \qquad \therefore \ \ell=L-\sqrt{\frac{2mgL}{k}}$$

ここで，スタンドの上端と床に衝突する直前の小球の運動エネルギーは 0，スタンドの上端では弾性エネルギーは 0 であることに注意しよう。

39

問1　③　　問2　④

問1　ストーンは，AB 間と CD 間を滑る間，進行方向と逆向きの摩擦力を受けるため，進行方向と逆向きの加速度をもち減速する。BC 間では摩擦がはたらかないのでストーンの加速度はゼロになり，ストーンは一定の速度で運動する。

AB 間でストーンにはたらく動摩擦力がする仕事を W とする。ストーンの運動エネルギーの変化とされた仕事の関係により，

$$\frac{3}{4}K-K=W, \qquad W=-\frac{K}{4}$$

である。

B 点と C 点での運動エネルギーは等しく $\frac{3}{4}K$ である。また，AB 間と CD 間の距離は等しく，ストーンにはたらく動摩擦力の大きさも等しいので，BC 間でストーンにはたらく動摩擦力がする仕事は W に等しい。D 点でのストーンの運動エネルギーを K_D とすると，CD 間でのストーンの運動エネルギーの変化とされた仕事の関係により，

$$K_\mathrm{D}-\frac{3}{4}K=W \qquad \therefore \ K_\mathrm{D}=\frac{3}{4}K+W=\frac{K}{2}$$

となる。

問2　斜面とストーンの間に摩擦がなければ力学的エネルギーが保存し，E 点に戻ってきたとき，ストーンの運動エネルギーは初めに E 点を通過したときのそれに等しい。摩擦があれば，力学的エネルギーが失われて摩擦熱が発生するので，E 点に戻ってきたときのストーンの運動エネルギーは，初めに E 点を通過したときのそれに比べ発生した摩擦熱の分だけ減少している。したがって，摩擦がある場合，E 点に戻ってきたときの速さは，初めに E 点を通過したときのそれに比べて遅くなる。

ストーンが到達できる斜面上の最高点の高さは，摩擦があれば力学的エネルギーが失われるので，摩擦がない場合に比べて低くなる。摩擦がある場合，最高点でストーンのもつ重力による位置エネルギーは，摩擦がない場合のそれに比べ摩擦熱の分だけ少ない。

40

問1　| 1 |－⑥　| 2 |－③　問2　①　問3　④

問1　物体が斜面の上端から下端へ運動するとき，重力の変位方向の成分は $mg\sin\theta$ であるから，重力がした仕事は，

$$W_1=\underline{mg\sin\theta\times\ell}$$

あるいは，重力の方向の変位成分は $\ell\sin\theta$ であるから，

$$W_1=mg\times\ell\sin\theta$$

としても同じ。

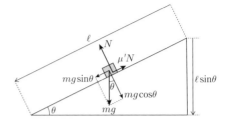

斜面に垂直な方向の力のつりあいにより，垂直抗力の大きさは $N=mg\cos\theta$ である。動摩擦力の大きさは $\mu'N=\mu'mg\cos\theta$，その向きは運動を妨げる向きである。動摩擦力の仕事は，

$$W_2=\mu'N\ell\cos180°=-\mu'mg\cos\theta\times\ell$$

問2　小物体の運動エネルギーの変化は，小物体がされた全仕事 W_1+W_2 に等しいから，

$$\frac{1}{2}mv^2-0=mg\times\ell\sin\theta-\mu'mg\cos\theta\times\ell$$

$$\therefore\quad \frac{1}{2}mv^2=mg\ell(\sin\theta-\mu'\cos\theta)$$

垂直抗力は変位に垂直だから仕事をしないことに注意。

【**別解**】　力学的エネルギーは動摩擦力(非保存力)がした仕事だけ変化するので，

$$\left(\frac{1}{2}mv^2+0\right)-(0+mg\ell\sin\theta)=-\mu'mg\ell\cos\theta$$

$$\therefore\quad \frac{1}{2}mv^2=mg\ell(\sin\theta-\mu'\cos\theta)$$

問3　物体が静止するとき，斜面に平行な方向の力のつりあいより，静止摩擦力は $R=mg\sin\theta$ である。これが最大摩擦力＝静止摩擦係数×N をこえるとすべり出す。① は正しくない。

斜面に平行な向きの加速度を a として，斜面下向きを正とした運動方程式により，

$$ma=mg\sin\theta-\mu'mg\cos\theta\quad\therefore\quad a=g(\sin\theta-\mu'\cos\theta)$$

静かに斜面に置いてすべり出すから，$a>0$ である。したがって，すべり出したら加速して静止することはない。② は正しくない。

加速度は質量によらない。③ は正しくない。

問2の結果より，

$$v=\sqrt{2g\ell(\sin\theta-\mu'\cos\theta)}$$

となり，v は質量によらない。④ は正しい。

加速度は θ による。⑤ は正しくない。

第2章　熱

§1 熱と温度

Box 7.　熱量保存則

□　**熱容量と比熱**

　　熱容量：物体の温度が1K上昇するときに吸収する熱量

　　比　熱：単位質量あたりの熱容量

□　**熱量**

　　物体の質量を m，比熱を c として，熱容量は $C=mc$ である。

　　温度変化を ΔT として，物体が吸収した熱量は，

$$Q=C\Delta T=mc\Delta T$$

□　**熱量保存則**

　　2つの物体間で熱が流れるとき，高温物体が失った熱量は，低温物体が得た熱量に等しい。

41

問1　④　　問2　④

　問1　100 g の水に熱を加えて温度が2.0℃(2.0 K)上昇したときに水が吸収した熱量 Q は，

$$Q=100\,\mathrm{g}\times4.2\,\mathrm{J/(g\cdot K)}\times2.0\,\mathrm{K}=840\,\mathrm{J}$$

となる。

　問2　水が吸収した熱量 Q と同じ熱量を 100 g の氷に吸収させたとき，氷の温度変化を ΔT とすると，

$$Q=100\,\mathrm{g}\times2.1\,\mathrm{J/(g\cdot K)}\times\Delta T=840\,\mathrm{J}$$

$$\therefore\quad \Delta T=4.0\,\mathrm{K}$$

となる。よって，氷の温度は 4.0℃ 上昇する。

42

問1　②　　問2　④

　問1　熱についての基本的な知識の問題である。

　温度は物質を構成する原子，分子の**熱運動**の激しさを表す尺度である。**絶対温度** T〔K〕とセルシウス温度 t〔℃〕の関係は，

$$T=t+273$$

温度変化はどちらの温度で測っても同じ値である。

　熱は分子の熱運動エネルギーの流れである。温度が違う物体が接触すると，熱は高温物体から低温物体へ流れる。

　比熱は物質の温度を単位質量あたり 1 K だけ上げるのに必要な熱量である。**熱容量**は物体の温度を 1 K だけ上げるのに必要な熱量である。例えば，20℃の水の比熱は 4.19 J/(g·K)，水 100 g の熱容量は 100 g×4.19 J/(g·K)＝419 J/K である。物体の質量を m，比熱を c，温度変化を ΔT として，物体が得た熱量は，

$$Q=mc\Delta T$$

である。Q と m を共通にして比べると ΔT が大きい方ほど c は小さい。比熱が小さい物質ほど温まりやすいといえる。

　鉄の比熱は 0.435 J/(g·K) であり水の比熱の 1/10 程度であるが，比重は鉄の方が大きい。比熱と比重は直接関係しない。

　氷は周囲から熱を吸収して水に融解する。逆に水は熱を放出して自然に(冷凍庫を用いずに)氷に戻ることはない。このように，外部から何らかの操作をしない限りもとの状態に戻らないような変化を**不可逆変化**という。インクが水の中に**拡散**する現象も不可逆変化の例である。一般に，熱が関係する変化，秩序ある状態から無秩序な状態に向かう変化は不可逆変化である。人は無秩序に向かう方向を時間の流れの方向として意識しているのではないだろうか。

　よって，答は ②。

　問2　水と鉄なべの合計の熱容量は，

$$1000\,g×4.2\,J/(g·K)+2000\,g×0.4\,J/(g·K)＝5000\,J/K$$

温度変化は (90−10) K＝80 K であるから，水と鉄なべが得た熱量は，

$$5000\,J/K×80\,K＝4×10^5\,J$$

ガスコンロの熱の 10% が水と鉄なべに与えられるから，温度が 90℃ に達するまでの時間(分)を x として，

$$5.0×10^5\,J/\,分×x×\frac{10}{100}＝4×10^5\,J \quad ∴ \quad x＝8\,分$$

43

　問1　③　　問2　①　　問3　④

　混合法による比熱測定の実験問題である。金属球が高温物体であり，水と熱量計が低温物体である。温度が異なる 2 物体が接触すると高温物体から低温物体に熱が流れ，しばらくすると 2 物体の温度が等しくなり熱の流れが止まる。この状態を**熱平衡**という。このとき，**熱量保存則**(高温物体が失った熱量＝低温物体が得た熱量)が成り立つ。

　問1　金属球のはじめの温度は 65℃，十分時間が経過した後の平衡温度は 30℃ である。金属球の失った熱量は，金属球の比熱を c_1 として，

$$500\,g×c_1×(65−30)\,K$$

である。水は金属球から熱を得て温まる。水のはじめの温度は 20℃ であったから，水の得

た熱量は，

$$200\,\text{g} \times 4.2\,\text{J/(g·K)} \times (30-20)\,\text{K}$$

である。熱量保存則により，

$$500\,\text{g} \times c_1 \times (65-30)\,\text{K} = 200\,\text{g} \times 4.2\,\text{J/(g·K)} \times (30-20)\,\text{K} \quad \cdots\cdots①$$

$$\therefore \quad c_1 = \underline{0.48}\,\text{J/(g·K)}$$

となる。

問2　金属球と水の平衡温度は等しいので，④と⑥は不適当である。また，金属球と水の温度は同時に平衡温度に達するので，②と③は不適当である。金属球と水の間で単位時間あたり流れる熱量は，金属球と水の温度差が大きいほど大きいので，はじめの時間の方が温度が急激に変化する。よって，①が最も適当である。

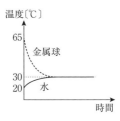

問3　水の一部がこぼれたことから，水の熱容量は小さくなる。したがって，水をこぼさなかったときと同じ熱量を水が得ると，水の温度上昇はこぼす前より大きくなる。かき混ぜた後の平衡温度は，水をこぼさなかった実験より高くなる。

水がこぼれたことを無視して水の熱容量をそのままにして計算する。かき混ぜた後の平衡温度を t'〔℃〕，測定された金属Bの比熱を c_1' として，式①と同様に熱量保存則により，

$$500\,\text{g} \times c_1' \times (65-t')\,\text{K} = 200\,\text{g} \times 4.2\,\text{J/(g·K)} \times (t'-20)\,\text{K} \quad \cdots\cdots②$$

t'〔℃〕>30℃より，式①と式②において，$(65-t')\,\text{K}<(65-30)\,\text{K}$，$(t'-20)>(30-20)\,\text{K}$ であるから，$c_1'>c_1$ となり，比熱は大きくなる。

44

問1　　1 －①，　2 －③，　3 －②　　問2　②

問1　図中の分子の動き方から判断して，図の中央は液体，左下は固体，右下は気体である。各状態変化の名称を下図に示す。

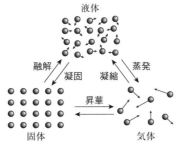

状態変化の身近な例としては，融解：氷→水，昇華：ドライアイス→炭酸ガス，蒸発：水→水蒸気などが挙げられる。

問2　①と③は正しい。融解熱や蒸発熱などを**潜熱**（せんねつ）という。状態変化するとき，熱を加えても温度が上がらないので，熱がどこかに潜ってしまうようにみえる。氷が水に浮

くことから，氷の密度は水の密度より小さいことがわかる。

②は正しくない。純物質を加熱して状態変化させるとき，熱は分子をばらばらにするために使われ，物質の温度は変化しない。

45

問1　$\boxed{1}$ — ⑤，$\boxed{2}$ — ②　　問2　$\boxed{1}$ — ③，$\boxed{2}$ — ④　　問3　①

物質の三態は固体，液体，気体である。物質に熱を加えたり，熱を奪ったりすると状態が変化する。

物質が熱を得て，**融解**，または**蒸発**する間は，加えた熱は分子の熱運動を激しくするわけではなく，分子の結合をゆるめたり断ち切るために使われるため温度は変化しない。このように物質の状態変化に使われる熱を**潜熱**という。潜熱の例として，1気圧のもとで氷の**融解熱**は334 J/g，水の**蒸発熱**は2257 J/g である。

問1　図の温度の低い状態から順に，Ⅰ氷，Ⅱ氷と水の共存，Ⅲ水，Ⅳ水と水蒸気の共存，Ⅴ水蒸気，である。

問2　図のaの温度は0℃，273 K であり，氷が融解して水に変わる温度（**融点**）である。図のbの温度は100℃，373 K であり，水が水蒸気に変わる温度（**沸点**）である。

問3　物質の質量をm，比熱をc，温度上昇をΔT として加えた熱は，

$$\Delta Q = mc\Delta T$$

である。ΔQ と m を共通にして比べると，c が大きいほど ΔT が小さい。つまり，比熱が大きいほど温まりにくい。図からみて，領域Ⅲの直線の傾きが領域Ⅴのそれより小さいことから，水の比熱の方が水蒸気の比熱より大きいことがわかる。図は横軸に加えた熱量，縦軸に温度を示しているから，グラフの傾きは，

$$\frac{\Delta T}{\Delta Q} = \frac{1}{mc}$$

で表されることに注意。

46

問1　⑦　　問2　④

高温物体と低温物体が接触すると，熱は高温物体から低温物体へ移動する。熱が低温物体から高温物体に自然に（それ以外に何の変化も残さずに）移動することはない。これを**熱力学第2法則**という。

問1　空気が高温物体，氷水が低温物体であるから，熱は空気から氷水に伝わる。

コップの表面についた水滴は，冷やされた空気中の水蒸気が**凝縮**して水に状態変化したも

のである。水蒸気から水滴に変化する過程で熱を放出する。このような熱を吸着熱という。ヒートテックなどの素材は、体の表面から発生した水蒸気がシャツに吸着して凝縮するため、熱が放出され暖かく感じられる。

問2　水が周囲から熱を奪って蒸発するため、打ち水をすると涼しく感じられる。空気から奪われた熱量は、

$$600 \times 10^3 \, \text{g} \times 1.0 \, \text{J/(g·K)} \times 0.80 \, \text{K} = \underline{4.8 \times 10^5 \, \text{J}}$$

となる。

47

問1　⑤　　問2　③

問1　求める速さを v として、

$$\frac{1}{2} \times 2.0 \, \text{kg} \times v^2 = 1.0 \times 10^6 \, \text{J}$$

$$\therefore \quad v = \underline{1.0 \times 10^3 \, \text{m/s}}$$

問2　1400℃の隕鉄が0℃まで冷えたとき、隕鉄が失った熱量は、

$$2.0 \times 10^3 \, \text{g} \times 0.72 \, \text{J/(g·K)} \times (1400-0) \, \text{K} \fallingdotseq 2.0 \times 10^6 \, \text{J}$$

である。これと隕鉄の運動エネルギーの合計は、3.0×10^6 J である。

このエネルギーが0℃の氷を0℃の水に変えるのに使われるとき、融解する氷の質量は、

$$\frac{3.0 \times 10^6 \, \text{J}}{335 \, \text{J/g}} \fallingdotseq 9.0 \times 10^3 \, \text{g} = \underline{9.0 \, \text{kg}}$$

48

問1　⑤　　問2　④

問1　温度変化の図から、時間0〜100 s では物質の状態は固体であることがわかる。この時間で加えた熱量は、

$$4.0 \, \text{J/s} \times 100 \, \text{s} = 400 \, \text{J}$$

である。これが固体に吸収されて温度が132℃から232℃へ上昇したから、この固体の熱容量を C として、

$$C \times (232-132) \, \text{K} = 400 \, \text{J} \quad \therefore \quad C = \underline{4.0 \, \text{J/K}}$$

となる。

問2　この固体の質量を m として、比熱と熱容量の関係から、

$$m \times 0.25 \, \text{J/(g·K)} = 4.0 \, \text{J/K} \quad \therefore \quad m = 16 \, \text{g}$$

である。温度変化の図から、融解している時間は、100〜340 s である。この時間で加えた熱量は、

$$4.0 \, \text{J/s} \times (340-100) \, \text{s} = 960 \, \text{J}$$

である。これが融解に使われたから、融解熱は、

$$\frac{960 \, \text{J}}{16 \, \text{g}} = \underline{60 \, \text{J/g}}$$

となる。

49

問1 ②　問2 ①

問1　与えられた式　$L=L_0(1+\alpha\Delta T)$ より，**線膨張率**は，

$$\alpha=\frac{L-L_0}{L_0\Delta T}=\frac{1.0\times10^{-2}\,\mathrm{m}}{20\,\mathrm{m}\times50\,\mathrm{K}}=\underline{1.0\times10^{-5}\,/\mathrm{K}}$$

となる。

【補足】 0℃のときの金属棒の体積を V_0，**体膨張率**を β として，0℃からの温度上昇が ΔT のときの金属棒の体積 V は，

$$V=V_0(1+\beta\Delta T)$$

である。

簡単のために一辺の長さが L の立方体を考えると，その体積は，

$$V=L^3=L_0{}^3(1+\alpha\Delta T)^3=L_0{}^3\{1+3\alpha\Delta T+3(\alpha\Delta T)^2+(\alpha\Delta T)^3\}$$

である。$\alpha\Delta T$ が1に比べて十分小さいとき，$(\alpha\Delta T)^2$ と $(\alpha\Delta T)^3$ を無視して近似すると，

$$V\fallingdotseq L_0{}^3(1+3\alpha\Delta T)$$

$L_0{}^3$ を V_0，3α を β とすると，$V=V_0(1+\beta\Delta T)$ となり，体膨張率は線膨張率の3倍になる。

問2　アルミニウム製の輪とガラス管の温度が上がり，熱膨張してそれらの間に隙間ができたことから，アルミニウム製の輪の内径の方がガラス管の外径より大きくなることがわかる。このとき，ガラス管とアルミニウム製の輪がともに外側に膨張するから，アルミニウムの線膨張率の方がガラスの線膨張率より大きいことがわかる。

---

§2　仕事と熱

50

問1　1 － ④　　2 － ③　　3 － ③　　問2 ④

ジュールの実験は，仕事が熱に変わることを定量的に示した実験である。1 cal(カロリー)は，水1gの温度を1K(1℃)だけ上げるのに必要な熱量である。

問1　a　二つのおもりが失った重力の位置エネルギーは，

$$1.5\,\mathrm{kg}\times9.8\,\mathrm{m/s^2}\times3.0\,\mathrm{m}\times2\fallingdotseq\underline{88\,\mathrm{J}}$$

b　水が得た熱量は，

$$210\,\mathrm{g}\times1.0\,\mathrm{cal/(g\cdot K)}\times0.10\,\mathrm{K}=\underline{21\,\mathrm{cal}}$$

c　おもりの降下につれて，羽根車が回転する。仮に，水がなければ，重力がおもりにした仕事，つまり，おもりが失った重力の位置エネルギーは，おもりと羽根車の運動エネルギーに変わる。この場合は，力学的エネルギーが保存している。水がある場合，羽根車と水分子の衝突により，水分子がエネルギーを得る。それが，水全体に広がり水分子の熱運動を激

しくし，温度が上がる。結果的に，重力がおもりにした仕事は，おもりが失った重力の位置
エネルギーに等しく，それが水に熱として与えられて水温が上昇する。つまり，仕事が熱に
変わることを示している。よって，答は ③ である。

　問2　水と羽根車の間で抵抗力がはたらくので，おもりはゆっくり降下すると考えてよ
い。おもりと羽根車の運動エネルギーを無視して，88 J の仕事が 21 cal の熱量に相当すると
考えれば，1 cal の熱に相当する仕事は，

$$\frac{88\,\mathrm{J}}{21\,\mathrm{cal}} \fallingdotseq 4.2\,\mathrm{J/cal}$$

これを**熱の仕事当量**という。

Box 8.　熱力学第 1 法則

☐　**理想気体の内部エネルギー**

　　理想気体の内部エネルギーは気体分子の運動エネルギーの総和であり，気体の温度
　　が高いほど大きい。

☐　**気体が外へした仕事**

　　気体の圧力 p（一定とする）で気体の体積が ΔV 変化したとき，気体が外へした仕事
　　W_{out} は，

　　　$W_{\mathrm{out}} = p\Delta V$

☐　**熱力学第 1 法則**

　　気体が吸収した熱量 Q は，気体の内部エネル
　　ギーの変化 ΔU と気体が外へした仕事 W_{out} の和
　　に等しい。

　　　$Q = \Delta U + W_{\mathrm{out}}$

　　気体の内部エネルギーの変化 ΔU は，気体が吸
　　収した熱量 Q と気体が外からされた仕事 W_{in} の
　　和に等しい。

　　　$\Delta U = Q + W_{\mathrm{in}}$

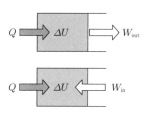

51

問1 ②　　問2 ④　　問3 ⑤

　問1　気体の内部エネルギーの変化分を ΔU，気体が外へした仕事を W_{out} として，気体
が吸収した熱量 Q は，**熱力学第 1 法則**により，

　　　$Q = \Delta U + W_{\mathrm{out}}$

である。これより，

　　　$\Delta U = Q - W_{\mathrm{out}} = 5.0\,\mathrm{J} - 2.0\,\mathrm{J} = 3.0\,\mathrm{J}$

となる。

問2　気体の温度が高いほど，分子の熱運動は激しく，内部エネルギーは大きい。

問3　気体の圧力を p，ピストンの断面積を S として，気体が
ピストンを押す力の大きさは pS である。ピストンが移動した距
離を Δx として，気体の圧力が一定のとき，気体がピストンにし
た仕事は，

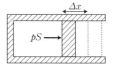

$$W_{\text{out}} = pS\Delta x$$

である。これより，

$$pS = \frac{W_{\text{out}}}{\Delta x} = \frac{2.0\,\text{J}}{0.20\,\text{m}} = \underline{10}\,\text{N}$$

となる。

【補足】　気体の体積変化 ΔV は，$\Delta V = \Delta S \Delta x$ であるから，気体がピストンにした仕事は，

$$W_{\text{out}} = p\Delta V$$

のように表すことができる。

Box 9.　熱効率

□　**熱効率**

　　熱機関が高温熱源から得た熱を Q_1，低温熱源へ放出した熱を Q_2 として，熱機関
がした仕事 W は，

　　$W = Q_1 - Q_2$

　　熱効率 e は，

　　$$e = \frac{W}{Q_1} = \frac{Q_1 - Q_2}{Q_1}$$

52

問1　①　　問2　⑥

問1　エンジンなどの熱を仕事に変える装置を**熱機関**という。

　熱機関が1サイクル作動してもとの状態に戻るとき，気体の内部エ
ネルギーは変化しない。したがって，**熱力学第1法則**により，高温熱
源から吸収した熱量 $Q_1 = 1000\,\text{J}$ は，外へした仕事 W と低温熱源へ捨
てた熱量 $Q_2 = 700\,\text{J}$ の和に等しいから，

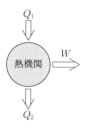

$$W = Q_1 - Q_2 = \underline{300}\,\text{J}$$

熱効率 e は，高温熱源から吸収した熱に対する外へした仕事の割合
である。よって，

$$e = \frac{W}{Q_1} \times 100 = \underline{30}\,\%$$

　熱機関が繰り返し作動するとき，1サイクルの間に必ず熱を低温熱源に捨てる過程が含ま
れるから熱効率は100％より小さい。与えられた熱をすべて仕事に変えるような熱機関は存
在しない（**熱力学第2法則**）。

問2　ディーゼルエンジンが 10 時間稼動したときにした仕事は,

$$1.2 \times 10^6 \, \text{J/s} \times 10 \times 60 \times 60 \, \text{s} = 4.32 \times 10^{10} \, \text{J}$$

である。求める重油の質量を m として,

$$m \times 4.2 \times 10^7 \, \text{J/kg} \times \frac{40}{100} = 4.32 \times 10^{10} \, \text{J}$$

$$\therefore \quad m \fallingdotseq 2.6 \times 10^3 \, \text{kg}$$

第3章 波

§1 波の性質

Box 10. 進行波，定常波

□ **波の基本量**

振幅 A

波長 λ

周期 T

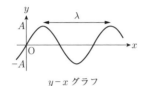

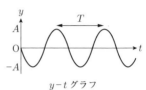

$y-x$ グラフ $y-t$ グラフ

□ **波の基本式**

振動数 $f=\dfrac{1}{T}$

波の速さ $v=\dfrac{\lambda}{T}=f\lambda$

□ **波の重ね合わせ**

合成波の変位 $Y=y_1+y_2$

□ **定常波**

進む向きだけが違う進行波が重なると，ふくらんだりしぼんだりを繰り返す進まない波が生じる。節と腹が間隔 $\dfrac{\lambda}{4}$ で交互に並ぶ。

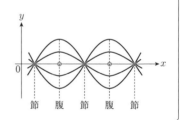

節 腹 節 腹 節

53

問1 ③ 問2 $\boxed{1}$ － ② $\boxed{2}$ － ① $\boxed{3}$ － ③

問1 **波動は，媒質の振動形態が連続した媒質を順次となりに伝わる現象**である。オリンピックやサッカーワールドカップの観客席に立つ「ウェーブ」は，身近なわかりやすい波動の例である。

波の基本量は，**振幅，波長，周期**である。

振幅 A：波の変位の最大値〔m〕

波長 λ：波の山と山，または谷と谷の間隔〔m〕

周期 T：媒質が1回振動する時間〔s〕

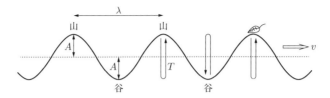

　ある位置の媒質が，山→谷→山の振動のように1回振動するとき，そこを1つの波が通過したことになる（上図）。波は1周期の時間に1波長の距離を伝わるので，**波の速さ**は，

$$v=\frac{\lambda}{T}$$

　振動数 f は，単位時間あたりの媒質の振動回数を表す。例えば，周期 $T=0.2\,\text{s}$ のとき，$f=\dfrac{1}{0.2\,\text{s}}=5\,回\,/\text{s}=5\,\text{Hz}$ である。一般に，

$$f=\frac{1}{T}$$

また，波の速さは，

$$v=f\lambda$$

と表すことができる。

　木の葉の運動は，水面とともに周期 $\dfrac{1}{f}$ で振動する。木の葉は波とともに進まない。答は③である。

　問2　媒質が振動する方向と波が伝わる方向が垂直な波は<u>横波</u>，平行な波は<u>縦波</u>である。波の伝わる速さは，波の<u>振動数</u>と<u>波長</u>の積に等しい。

54

問1　 1 —②　 2 —⑥　問2　③

　問1　図より，正弦波の波長は<u>40 m</u>である。波は1周期の時間に1波長の距離を進むから，正弦波の周期 T は，「波の速さ×周期＝波長」により，

$$20\,\text{m/s}\times T=40\,\text{m}\quad\therefore\quad T=\underset{\sim}{2.0}\,\text{s}$$

である。

　問2　図の正弦波を x 軸の正の向きに進めると，時刻 $t=0\,\text{s}$ から $x=15\,\text{m}$ の変位は増加してから減少するように時間変化（周期 2.0 s で振動）するから，最も適当なものは③である。

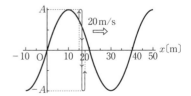

55

問1　①　問2　④　問3　④　問4　⑥

　ロープを伝わる波のように，媒質の振動方向が波の伝わる向きに垂直な波を**横波**という。

媒質が**単振動**するとき，**正弦波**が伝わる。

問1　図2から，振幅は 0.40 m である。

問2　図2から，波長は $\lambda = 0.80$ m である。

問3　波の山が，時間 0.25 s で a から b まで距離 0.30 m を進んだから，波の速さは，

$$v = \frac{0.30\,\text{m}}{0.25\,\text{s}} = 1.2\,\text{m/s}$$

問4　波の振動数 f は，$v = f\lambda$ より，

$$f = \frac{v}{\lambda} = \frac{1.2\,\text{m/s}}{0.8\,\text{m}} = 1.5\,\text{Hz}$$

56

問1　| 1 |－③，| 2 |－⑤　　問2　②　　問3　②

縦波は，媒質の振動方向と波が伝わる方向が平行な波である。問題 *59* のばねを伝わる弾性波や，空気中を伝わる音波は縦波である。

波のグラフは，ある時刻の波形を表す $y-x$ **グラフ**と，ある位置の媒質の振動を表す $y-t$ **グラフ**がある。$y-x$ グラフから波長 λ と振幅 A が読みとれ，$y-t$ グラフから周期 T と振幅 A が読みとれる。

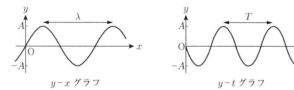

$y-x$ グラフ　　　　　　　　$y-t$ グラフ

縦波の表示は，変位 y を縦軸に示して横波のように表示する。x 軸の正の向きの変位 y を正として，図示すると次のようになる。

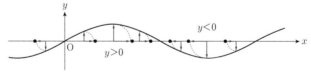

縦波の横波表示

問1　図1から波長は $\lambda = 0.80$ m，図2から周期 $T = 2.0 \times 10^{-3}$ s である。

問2　波の速さは，

$$|v| = \frac{\lambda}{T} = 400\,\text{m/s}$$

である。

図2から，$x=0$ の気体の変位 y は $t=0$ の直後に $y>0$ になる（次のページの図2）。図1の $t=0$ の波形を x 軸の負の向きに少し進めると，$x=0$ の変位は $y>0$ となり図2に矛盾しない（次のページの図1）。逆に，x 軸の正の向きに少し進めると，$x=0$ の変位は $y<0$ となり，図2のグラフに矛盾する。よって，波は x 軸の負の向きに進むことがわかる。波の速度は，

$v=\underset{\sim}{-400}$ m/s<0 である。

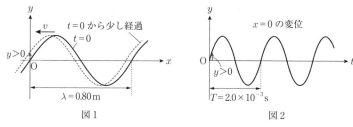

図1 　　　　　　　　　　　図2

問3　図1の変位を実際の縦波の変位に戻すと，点Bの前後の位置にある空気分子は点Bに近づくように振動していることがわかる。点Bの媒質は最も密になっている。一方，点Dでは空気分子が遠ざかるように振動しており，媒質が最も疎になっている。

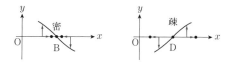

点A，Cでは媒質の変位の絶対値は最大であるが，それら付近の空気分子の変位はほぼ同じであり，媒質の密度は波がないときの密度に等しい。

57

問1　④　問2　$\boxed{1}$—③　　$\boxed{2}$—④

2つの波が同じ場所に共存するとき，**波の重ね合わせの原理**により**合成波**が生じる。合成波の変位は，各波の変位の和である。変位 y_1 と y_2 の合成波の変位は，

$$Y=y_1+y_2$$

実際に観測される波は合成波である。山と山，または谷と谷が重なれば強め合い，山と谷が重なれば弱め合う。

波が**固定端**で反射するとき，入射波 $y_入$ と反射波 $y_反$ が重なり合成波が生じる。固定端の位置では，合成波の変位が常にゼロになるので，

$$y_入+y_反=0 \ \rightarrow \ y_反=-y_入$$

となり，位相が逆転する。一方，波が**自由端**で反射するとき，自由端の位置では，

$$y_反=y_入$$

となり，位相は変化しない。

問1　入射パルス波の頂点から先頭の傾きが大きい部分の波が反射波パルスの先頭部分の波になる。

自由端反射では波の位相は変化しないので，この場合の反射波は図(b)である。

固定端反射では波の位相は反転するので，この場合の反射波は図(d)である。

問2　時刻0sから4sの間に波が進む距離は，

$$1 \text{ m/s}\times 4\text{ s}=4\text{ m}$$

である。もし反射が起こらないとすると，入射波の先頭は $x=2\,\mathrm{m}$ の位置に達することになる。下図には x 軸の正の領域に達したこの波を薄い実線で示してある。自由端で反射するとき波の位相は変化しないから，反射波は薄い実線の波を自由端に関して対称に折り返したものである。反射波は赤い実線で示してある。入射波と反射波が重なり合成波となる。合成波は太い実線で示してある。答は ③ である。

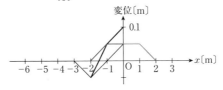

　自由端の場合と同様に，反射が起こらないものとして入射波の先頭を $x=2\,\mathrm{m}$ の位置に達するように薄い実線で示す。固定端で反射するときは波の位相は逆転するから，下図のように，薄い実線の波形を逆符号の変位に変えた波形（薄い破線）をつくる。それを固定端に関して対称に返したものが反射波になる。反射は赤い実線で，入射波と反射波の合成波は太い実線で示してある。答は ④ である。

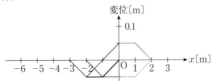

58

問1　[1]－②　[2]－③　[3]－④　[4]－①
[5]－④　[6]－③　[7]－②　問2　③

　問1　波は1周期 T の時間で1波長 λ の距離を進むから，入射波は時間 $\dfrac{T}{4}$ ごとに距離 $\dfrac{\lambda}{4}$ ずつ進む。入射波は，$t=\dfrac{T}{4}$ のとき②，$t=\dfrac{T}{2}$ のとき③，$t=\dfrac{3T}{4}$ のとき④である。

　固定端での反射の作図は，(1)入射波を固定端の先に延長する，(2)延長した入射波を逆位相（変位の符号を逆）に変える，(3)逆位相にした波を固定端に関して折り返す。$t=0$ のとき，反射波（点線）を作図すると，

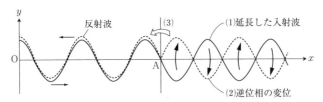

反射波も時間 $\frac{T}{4}$ ごとに距離 $\frac{\lambda}{4}$ ずつ進む。反射波は，$t=0$ のとき①，$t=\frac{T}{4}$ のとき④，$t=\frac{T}{2}$ のとき③，$t=\frac{3T}{4}$ のとき②である。

問2　右の図のように，$t=0$, $\frac{T}{4}$, $\frac{T}{2}$ の入射波と反射波を作図して，合成波（太線）を示す。入射波と反射波のように進む向きだけが違う波が重なると，ふくらんだりしぼんだりを繰り返す進まない波が生じる。これを**定常波**といい，**節**（全く振動しない位置）と**腹**（最も激しく振動する位置）が，間隔 $\frac{\lambda}{4}$ で交互に並ぶ。固定端 $A\left(x=\frac{9}{4}\lambda\right)$ は節であり，A と $x=0$ の間の節の位置は，$x=\frac{\lambda}{4},\ \frac{3}{4}\lambda,\ \frac{5}{4}\lambda,\ \frac{7}{4}\lambda,\ \frac{9}{4}\lambda$ である。節の数は 5 つである。

定常波の周期と波長は，左右に進む波の周期と波長に等しいことに注意せよ。

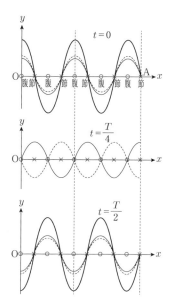

59
問1　③　　問2　②

問1　図2の A，B，C の変位はゼロであり，密になっていることから縦波の変位を考えれば，これらの点の左隣の変位は正であり，右隣の変位は負である。したがって，答は③。

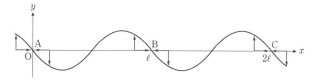

問2　自由端は定常波の腹である。腹は媒質の変位の振幅が最大であるが，その付近の媒質の変位はほぼ同じであり，媒質の密度は波がないときの密度に常に等しい。一方，節の変位は常に0であるが，問題 **56** の問3で解説したように，変位が0で波形の傾きが右下がりになるときに媒質の密度は最大になる。一方，変位が0で波形の傾きが右上がりになるときに媒質の密度は最小となる。したがって，**媒質の密度変化が最も激しい位置は節である**。腹と節の間隔は $\frac{\ell}{4}$ だから，自由端 $(x=x_0)$ から節の距離は，$\frac{\ell}{4},\ \frac{3}{4}\ell,\ \frac{5}{4}\ell,\ \cdots$ である（次ページの図）。答は②。

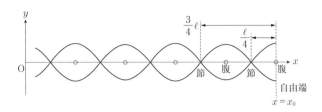

§2 音 波

Box 11. 音波

☐ **うなり**

・うなりの周期

$$T=\frac{1}{|f_1-f_2|}$$

・うなりの振動数（単位時間あたりのうなりの回数）

$$\frac{1}{T}=|f_1-f_2|$$

☐ **固有振動**

固有振動に対する定常波

　弦　：固定端で節

　気柱：閉端で節，開口端で腹

60

問1　⑦　　問2　②

問1　振動数がわずかに異なる二つの波が重なると，合成波の振幅が周期的に変化する。この現象は**うなり**である。うなりの周期は合成波の振幅が最大になってから再び最大になるまでの時間に等しい。

振動数 f_1 と f_2 の各波の振幅を a とする。図の時間 $t=0$，T，$2T$ では，二つの波の山が重なるので，合成波の変位は $2a$ と

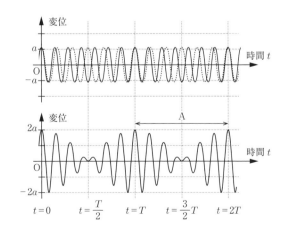

なり強めあう。ここで，T はうなりの周期である。また，図の時間 $t=\dfrac{T}{2}$，$\dfrac{3}{2}T$ のときには，二つの波の山と谷が重なるので合成波の振幅は 0 になり，弱めあう。

　最も適当なグラフは⊆であり，うなりの周期は時間間隔 A である。

　問2　うなりの周期 T の時間に，二つの波による変位が振動する回数の差は 1 回である。例えば，図の $t=0$ から $t=T$ の間で，振動数 f_1 の波の変位は 7 回，振動数 f_2 の波の変位は 6 回振動している。

　うなりの周期 T の時間に，二つの波の変位が振動する回数の差，

$$f_1 T - f_2 T = 1 \text{ 回}$$

により，

$$T = \frac{1}{f_1 - f_2}$$

となる。

【補足】　1秒あたりのうなりの回数(うなりの振動数)は，

$$\frac{1}{T} = f_1 - f_2$$

である。

61

問1　1 －②，2 －②　　問2　3 －②，4 －①

　問1　空気中を伝わる音波の速さ(音速)は，室温程度の気温でおよそ 340 m/s である。この速さは気温が高いほど速くなる。

　気温 t〔℃〕における音速 V は，

$$V = 331.5 + 0.6\,t \ \text{〔m/s〕}$$

となることが知られている。

　問2　弦を伝わる波の速さは，弦の張力の大きさが大きいほど速くなる。また，この速さは弦の線密度(単位長さあたりの質量)が大きいほど遅くなる。

　弦の張力の大きさを S，線密度を ρ とすると，弦を伝わる波の速さ v は，

$$v = \sqrt{\frac{S}{\rho}}$$

となることが知られている。

62

問1　①　　問2　①　　問3　1 －③，2 －⑥

　両端を固定した弦に生じる定常波は，両端を節とするものに限る。弦の長さを L，定常波の腹の数を n として，定常波の波長 λ は，

$$\frac{\lambda}{2} \times n = L \quad \text{より，} \quad \lambda = \frac{2L}{n}$$

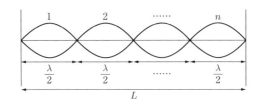

弦を左右に伝わる横波の波長と振動数は，**定常波の波長と振動数に等しい**から，弦を伝わる波の速さを v として，振動数 f は，$v=f\lambda$ より，

$$f=\frac{v}{\lambda}=\frac{nv}{2L}$$

腹が1つ($n=1$)の振動を**基本振動**といい，腹が n 個の振動を **n 倍振動**という。その振動数は基本振動数 $f_1=\frac{v}{2L}$ の n 倍である。弦に生じる定常波の振動数は，特定の値のみ許され，**弦の固有振動数**という。

問1 基本振動数 $f=330\,\text{Hz}$ の音が出るとき，弦を伝わる波の波長を λ とすると，弦を伝わる波の速さ v は，

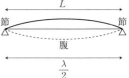

$$v=f\lambda$$

である。よって，

$$\lambda=\frac{v}{f}=\frac{165\,\text{m/s}}{330\,\text{Hz}}=\underline{0.50\,\text{m}}$$

となる。

問2 弦の長さを L とする。弦をどこも押さえずに弾くとき，弦が基本振動をする場合を考える。このとき，弦に両端が節，中央が腹となる定常波が生じる。よって，

$$L=\frac{\lambda}{2}=\underline{0.25\,\text{m}}$$

となる。ここで，定常波の波長は弦を伝わる波の波長に等しいことに注意しよう。

問3 図1において振動する弦の長さは $\frac{3}{4}L$ であり，基本振動の定常波の波長 λ_1 は，

$$\frac{\lambda_1}{2}=\frac{3}{4}L$$

$$\lambda_1=\frac{3}{2}L=\frac{3}{4}\lambda$$

である。弦を伝わる波の速さは $v=165\,\text{m/s}$ のままであるから，弦の振動数 f_1 は，

$$v=f_1\lambda_1=f\lambda$$

$$\therefore\quad f_1=\frac{\lambda}{\lambda_1}f=\frac{4}{3}f=\frac{4}{3}\times330\,\text{Hz}=\underline{440\,\text{Hz}}$$

となる。

図3において定常波の波長 λ_2 は，

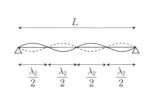

$$\frac{\lambda_2}{2}\times4=L$$

$$\lambda_2 = \frac{L}{2} = \frac{\lambda}{4}$$

である。振動数 f_2 は，

$$v = f_2\,\lambda_2 = f\lambda$$

$$\therefore \quad f_2 = \frac{\lambda}{\lambda_2}f = 4\,f = 4 \times 330\ \text{Hz} = \underline{1320\ \text{Hz}}$$

となる。v は弦の張力の大きさと線密度で決まることに注意しよう。

63

問1　④　　問2　⑤

問1　弦が**基本振動**しているとき，弦には下図のような定常波が生じている。定常波の波長を λ とすると，

$$\frac{\lambda}{2} = 0.450\ \text{m}$$

$$\lambda = 0.900\ \text{m}$$

である。弦を伝わる波の波長は定常波の波長に等しいから，弦を伝わる波の速さ v は，

$$v = 360\ \text{Hz} \times 0.900\ \text{m} = \underline{324}\ \text{m/s}$$

となる。

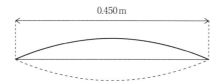

0.450 m

　腹が二つの定常波が生じるときの振動の様子は下図のようになる。この定常波の波長は $\lambda' = 0.450\ \text{m}$ である。弦を伝わる波の速さは変わらないので，このときの弦の振動数は，

$$\frac{v}{\lambda'} = \frac{324\ \text{m/s}}{0.450\ \text{m}} = \underline{720}\ \text{Hz}$$

となる。これは**2倍振動**である。

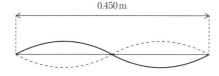

0.450 m

問2　おんさの振動数を f とする。おんさと弦楽器からの音（振動数 360 Hz）により**うなり**が生じるとき，その**うなりの振動数**（1秒あたりのうなりの回数）は，

$$|f - 360\ \text{Hz}| = \frac{8\ \text{回}}{4\ \text{s}} = 2\ \text{Hz}$$

である（問題*60*参照）。これより，

$$f = 358\ \text{Hz}，\quad \text{または}\ f = 362\ \text{Hz}$$

である。

　弦の張力の大きさを大きくすると，弦を伝わる波の速さは大きくなる。弦が基本振動をするとき，波長は $\lambda = 0.900$ m のままで変わらないから，基本振動数が高くなる。弦楽器の振動数を高くしておんさとのうなりが消えるとき，両者の振動数は等しくなる。このことから，f は 360 Hz より高いので，

$$f = \underset{\sim\sim\sim}{362}\ \text{Hz}$$

となる。

64

問1　④　　問2　②　　問3　$\boxed{1}$ —②，$\boxed{2}$ —④

問1　定常波の周期は $T = 4t_0$ であるから，振動数は，$f = \dfrac{1}{4t_0}$ である。

問2　定常波の腹の数が3つ(**3倍振動**)であるから，波長は，

$$\frac{\lambda}{2} \times 3 = L$$

$$\lambda = \frac{2}{3}L$$

である。左右に進む横波の速さは，

$$v = f\lambda = \underset{\sim\sim\sim\sim}{\frac{2}{3}fL}$$

問3　時刻 t_0 の定常波の波形からでは，左右に進む波の組み合せが，解答群の①と③，あるいは②と④のいずれかが限定できない。そこで，時刻0の定常波から波の進み方を考えてみる。時刻0の左右に進む波は，右上図に示したようになる。それから t_0(4分の1周期)だけ経過したとき，左右に進む波はそれぞれ4分の1波長だけ進む(右下図)。したがって，右に進む波は②，左に進む波は④となる。

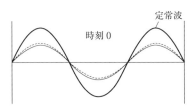

定常波

時刻 0

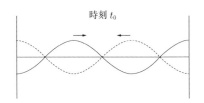

時刻 t_0

65

問1　⑤　　問2　$\boxed{1}$，$\boxed{2}$ —①，⑤(順不同)　　問3　③

　管に収まっている気体を**気柱**という。気柱を伝わる音波は，閉端で固定端反射をし，大気と接する開口端で自由端反射をする。**気柱の固有振動**に対する定常波は，閉端で節，開口端で腹になる。厳密には開口端のほんの少し外に腹の位置がずれる。その腹の位置の開口端からのずれを**開口端補正**という。

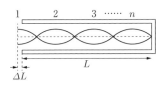

閉管の長さを L，開口端補正を ΔL として，腹が n 個の定常波の波長は，図より，

$$\frac{\lambda}{4}+(n-1)\frac{\lambda}{2}=\Delta L+L$$

$$\lambda=\frac{4(\Delta L+L)}{2n-1}$$

音速を V として，閉管の気柱の固有振動数は，

$$f=\frac{V}{\lambda}=\frac{2n-1}{4(\Delta L+L)}\,V \quad (n=1,\,2,\,\cdots\cdots)$$

となる。腹が1つ（$n=1$）の振動は基本振動であり，腹 n 個の振動は $2n-1$ 倍（奇数倍）振動である。

問1　おんさの振動によりまわりの空気の振動が起こり，音波となって気柱に伝わる。おんさの振動数 F は音波の振動数に等しい。おんさと気柱が**共鳴**して気柱から大きな音が響くとき，おんさの振動数と気柱の固有振動数が一致する。このとき，円筒内の気柱には定常波ができている。

この実験では，音波の波長が決まっているので，気柱が共鳴するためには，気柱の長さは特定なものに限られる。第1共鳴では定常波の腹は1つであり，第2共鳴では腹は2つであるから，

$$L_1+\Delta L=\frac{\lambda}{4} \qquad \cdots\cdots①$$

$$L_2+\Delta L=\frac{3}{4}\lambda \qquad \cdots\cdots②$$

音波の波長 λ は，式②－式①より，

$$\frac{\lambda}{2}=L_2-L_1$$

$$\lambda=2(L_2-L_1)=2\times(59.0-19.0)\,\mathrm{cm}=0.800\,\mathrm{m}$$

よって，音速は，

$$V=F\lambda=440\,\mathrm{Hz}\times0.800\,\mathrm{m}=\underline{352\,\mathrm{m/s}}$$

【参考】　式①より，開口端補正は

$$\Delta L=\frac{\lambda}{4}-L_1=\frac{80.0\,\mathrm{cm}}{4}-19.0\,\mathrm{cm}=1.0\,\mathrm{cm}$$

である。

問2　空気中を伝わる音波は**縦波**である。気柱に生じた定常波は縦波であり，**空気の密度変化が最も激しい位置は定常波の節の位置である**（問題 **59** 問2参照）。第2共鳴のとき，節の位置の距離は，管口から $L_1=19.0\,\mathrm{cm}$ と $L_2=59.0\,\mathrm{cm}$ である。

問3　気温 t〔℃〕の空気中における音速は，

$$V=331.4+0.6t\,[\mathrm{m/s}]$$

である。空気が下がると音速は小さくなる。

今の実験の場合，おんさの振動数は変わらないから，共鳴するときの気柱の振動数は一定

である。よって，気温が下がると共鳴するときの音波の波長は短くなる。また，開口端補正は気温によらず一定であるから，波長が短くなるとき共鳴するときの水位の管口からの距離は，式①と式②にしたがって小さくなる。よって，共鳴させるには水位を少し上げる。

66

問1　①　　問2　②　　問3　③

問1　両端が開いている管（開管）の気柱に生じる定常波は，両端が腹になる。振動数を0から次第に上げていくとき，波長は十分大きなものから減少してくるから，初めて共鳴するときは両端のみが腹になる（右上図）。答は①である。

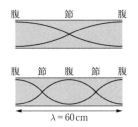

問2　振動数をさらに上げ，次に共鳴するとき，腹の数が1つ増し両端の腹を含めて3つになる（右下図）。定常波の波長は初めの共鳴の $\frac{1}{2}$ 倍になるから，振動数は2倍になる。

問3　開口端補正を無視して，管の長さが波長 λ に等しいから，$\lambda = 60$ cm である。圧力変化が最大の位置は，空気の密度変化が最大の位置，つまり節の位置である。それらの位置は，管の左端から距離 $\frac{\lambda}{4} = 15$ cm と $\frac{3}{4}\lambda = 45$ cm である。

67

問1　③　　問2　⑦

問1　共鳴箱を閉管として考える。共鳴箱から大きな音が響くとき，おんさの振動により共鳴箱の内部の気柱に，開口端を腹，閉端を節とする定常波が生じている。このとき，おんさの振動数と気柱の固有振動数が一致している（下図）。

気柱に生じた定常波の腹の数を n とする。開口端補正を無視すると，気柱の固有振動に対する定常波の波長を λ として，

$$L = \frac{\lambda}{4} + \frac{\lambda}{2} \times (n-1) = \frac{2n-1}{4}\lambda \quad (n=1,\ 2,\ 3\cdots)$$

である（問題 *65* 参照）。これより，共鳴箱の長さは，小さいものから順に

$$L = \frac{1}{4}\lambda,\ \frac{3}{4}\lambda,\ \frac{5}{4}\lambda\cdots\cdots$$

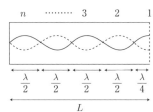

となる。
　また，音波の波長は，

$$\lambda = \frac{340 \text{ m/s}}{440 \text{ Hz}} \fallingdotseq 0.772 \text{ m} = 77.2 \text{ cm}$$

である。解答群の中で最も適当なものは，$L = \frac{1}{4} \times 77.2$ cm $\fallingdotseq 19$ cm となる。

問2　振動数がわずかに異なる2つの音が重なると，音の大きさの強弱が周期的に変化し

て，**うなりが生じる。**

図1のように，おんさにおもりをつけて振動させると，おんさは振動しにくくなるため，本来の振動数440 Hz より低い振動数で振動する。おもりをつけたおんさ B の振動数を $f_B (< 440\,\text{Hz})$ として，振動数440 Hz と f_B の音により生じたうなりの振動数が2 Hz のとき，

$$440\,\text{Hz} - f_B = 2\,\text{Hz}$$
$$f_B = 438\,\text{Hz}$$

となる。この振動数のとき，図2より，$h = \underline{7}\,\text{cm}$ となる。

68

③

閉管の気柱で基本振動を考える（下図）。管の長さを L，開口端補正を d とすると，基本振動の定常波の波長 λ は，

$$\frac{\lambda}{4} = L + d$$
$$\lambda = 4(L + d)$$

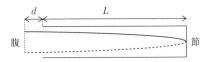

である。音速を V とすると，基本振動数 f は，

$$f = \frac{V}{\lambda} = \frac{V}{4(L + d)}$$

となる。d は一定として考える。

気温が下がると V は小さくなるので，L を一定とすると，f は小さく［ア］なる。一方，気温が下がると L は小さくなるので，この効果は f を大きく［イ］する。V と L の温度変化に対する変化の割合は前者が大きいので，音速［ウ］の変化の影響の方が大きいことが予想される。最も適当なものは③である。

【補足】 気温 t〔℃〕における音速 V は，

$$V = 331.5 + 0.6\,t\,\text{[m/s]}$$

である。

ある固体の長さを，0℃のとき L_0，t〔℃〕のとき L とする。**線膨張率**を α とすると，

$$L = L_0(1 + \alpha t)$$

が成り立つ。例えば，銅の場合，α〔/K〕$= 1.65 \times 10^{-5}$ /K である。

第4章 電　気

§1　静電気と電流

Box 12.　静電気と電流

- □ **静電誘導**

  外部電場により導体（金属）中の自由電子が導体中を移動し，導体の表面に電荷が分布する現象。

- □ **誘電分極**

  外部電場により不導体（誘電体）の原子・分子内の正と負の電荷がずれ，表面に電荷がにじみ出る現象。

- □ **電流**

  電流の大きさは，導線の断面を単位時間当たり通過する電気量の大きさに等しい。導体を流れる電流の担い手は自由電子である。電流の向きと自由電子が移動する向きは逆である。

  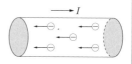

- □ **オームの法則**

  抵抗の抵抗値を R，抵抗に流れる電流の大きさを I とすると，抵抗の電圧 V は，

  $$V = RI$$

  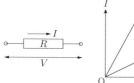

- □ **電気抵抗**

  抵抗の断面積を S，長さを ℓ，抵抗率を ρ とすると，抵抗値は，

  $$R = \rho \frac{\ell}{S}$$

- □ **合成抵抗**

  直列抵抗：電流が共通

  $$R = R_1 + R_2$$

  並列抵抗：電圧が共通

  $$\frac{1}{R} = \frac{1}{R_1} + \frac{1}{R_2}$$

  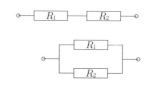

69

問1　

問1　原子の中心には，正電荷をもつ**原子核**があり，そのまわりを，負電荷$-e(=-1.6×10^{-19}\,C)$をもつ**電子**がいくつか運動している。原子核と電子の間には**静電気力**が引力としてはたらいている。

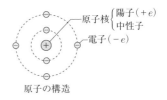

原子の構造

原子核は正電荷$+e(=+1.6×10^{-19}\,C)$をもつ**陽子**と電荷をもたない**中性子**が核力により結合した状態である。

電子を放出した原子は**陽イオン**となり，電子を得た原子は**陰イオン**となる。

問2　棒と紙の間で電子が移動し，一方が負に，他方が正に帯電する。棒1と棒2は同符号の電荷が帯電しているからこれらの間には**反発力**がはたらく。

移動した電気量の大きさが$8.0×10^{-8}\,C$であるとき，この電荷は電子

$$\frac{8.0×10^{-8}\,C}{1.6×10^{-19}\,C}=5.0×10^{11}$$

個分の大きさに等しい。**電気素量** $e=1.6×10^{-19}\,C$ は，電子の電荷の大きさに等しいことに注意しよう。

【補足】　紙とプラスチック(塩化ビニルなど)の棒をこすり合わせると，紙が正に，プラスチックの棒が負に帯電する。

70

問1　④　　問2　①

問1　正の帯電体を金属に近づけると，金属中の自由電子が帯電体に引かれ，帯電体に近い側の金属表面は負に帯電する。このとき帯電体から遠い側の金属表面は，自由電子が不足し正に帯電する。このように帯電体の近くに置いた金属の電荷分布に偏りが生じる現象を金属の**静電誘導**とよぶ。

金属中には負に帯電した自由電子がある。金属板に正の帯電体を近づけると，異種の電荷は互いに引き合うので，金属板には自由電子が集まってきて負に帯電する。一方，金属板と金属箔を合わせた電気量の総量は一定であるから，金属箔の部分は自由電子が不足し正に帯電する。正に帯電した金属箔は，同種の電荷は互いに反発しあうので開く(右図)。答は④である。

問2　次図(a)のように，検電器に与えた電荷 Q の一部は金属板に，残りは箔に分布する。

次図(b)のように，負に帯電した棒を金属板に近づけると，金属板中にある自由電子の一部が反発力をうけ箔の方に追いやられる。初め箔が正に帯電していたならば，この自由電子の

流入により箔の正電荷が減少し，いったん中和され0となり箔は閉じる（もし箔が負に帯電していたならば，自由電子の流入により負電荷が増加し開きは大きくなる）。一方，金属板は正に帯電していたが，自由電子が流出することで正電荷が増加し正に帯電したままである（$Q' > 0$）。答は⓪である。

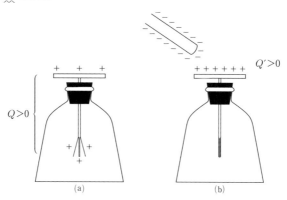

(a)　　　　　　　　　(b)

71

問1　⑥　　問2　②

問1　抵抗器に流れる**電流**は，単位時間当たりに抵抗器の断面を通過する電気量に等しい。よって，20秒間に通過した電気量の大きさは，

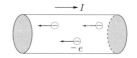

$$0.040\,\text{A} \times 20\,\text{s} = 0.80\,\text{C}$$

である。電子の移動する向きは，電流の流れる向きの逆である。

問2　図から20時間の間に電池が流した電気量の大きさ Q は，

$$Q = 35\,\text{mA} \times 20\,\text{h}$$

である。同じ電池を使うとき，流すことができる電気量は同じである。求める時間を t として，$I = 100\,\text{mA}$ の電流で流すとき，

$$Q = It \quad \therefore \quad t = \frac{Q}{I} = \frac{35\,\text{mA} \times 20\,\text{h}}{100\,\text{mA}} = 7\,\text{h}$$

となる。

72

問1　②　　問2　⑥

問1　抵抗に流れる電流の大きさ I は，抵抗にかけた電圧 V に比例する。抵抗値を R として，**オームの法則**は，

$$V = RI$$

である。抵抗値 R は，抵抗の長さ ℓ に比例し，断面積 S に反比例する。

抵抗率を ρ として,

$$R = \rho \frac{\ell}{S}$$

である。

問2　各金属線の抵抗値は,

$$R_\text{a} = 1.7 \times 10^{-8}\ \Omega \cdot \text{m} \times \frac{1.0\ \text{m}}{1.0 \times 10^{-7}\ \text{m}^2} = 0.17\ \Omega$$

$$R_\text{b} = 1.0 \times 10^{-7}\ \Omega \cdot \text{m} \times \frac{1.0\ \text{m}}{1.0 \times 10^{-7}\ \text{m}^2} = 1.0\ \Omega$$

$$R_\text{c} = 1.0 \times 10^{-7}\ \Omega \cdot \text{m} \times \frac{2.0\ \text{m}}{1.0 \times 10^{-8}\ \text{m}^2} = 20\ \Omega$$

である。よって, $R_\text{c} > R_\text{b} > R_\text{a}$ となる。

73

問1　③　　問2　⑤

問1　**オームの法則**により, この導線の抵抗値 R は,

$$R = \frac{1.5\ \text{V}}{50\ \text{mA}} = \frac{1.5\ \text{V}}{50 \times 10^{-3}\ \text{A}} = 30\ \Omega$$

となる。

問2　導線の抵抗率 ρ は,

$$R = \rho \times \frac{18\ \text{m}}{6.0 \times 10^{-8}\ \text{m}^2} = 30\ \Omega$$

$$\rho = 1.0 \times 10^{-7}\ \Omega \cdot \text{m}$$

である。表1より, 導線の材料は鉄である。

74

問1　| 1 |-②, | 2 |-③　　問2　③　　問3　①

問1　図より, 抵抗Aに電圧を $5.0\ \text{V}$ かけたとき, 電流が $250\ \text{mA} = 0.25\ \text{A}$ 流れるから, Aの抵抗値は, **オームの法則**により,

$$\frac{5.0\ \text{V}}{0.25\ \text{A}} = 20\ \Omega$$

図より, 抵抗Bに電圧を $3.0\ \text{V}$ かけたとき, 電流が $100\ \text{mA} = 0.1\ \text{A}$ 流れるから, Bの抵抗値は,

$$\frac{3.0\ \text{V}}{0.1\ \text{A}} = 30\ \Omega$$

問2　**直列合成抵抗**の抵抗値は,

$$20\ \Omega + 30\ \Omega = 50\ \Omega$$

問3　**並列合成抵抗**の抵抗値を R として,

$$\frac{1}{R}=\frac{1}{20\ \Omega}+\frac{1}{30\ \Omega}\qquad\therefore\quad R=12\ \Omega$$

75

問1 ④ 問2 ②

問1 抵抗Aと抵抗Bは並列に接続されている。これらの合成抵抗の抵抗値をRとすると，

$$\frac{1}{R}=\frac{1}{20\ \Omega}+\frac{1}{30\ \Omega}=\frac{5}{60\ \Omega}$$

$$R=12\ \Omega$$

である。図中の点Pを流れる電流の大きさIは，**オームの法則**により，

$$I=\frac{6.0\ \mathrm{V}}{12\ \Omega}=0.50\ \mathrm{A}$$

となる。

【別解】 抵抗Aと抵抗Bに流れる電流の大きさをI_A，I_Bとすると，オームの法則により，

$$I_\mathrm{A}=\frac{6.0\ \mathrm{V}}{20\ \Omega}=0.30\ \mathrm{A}$$

$$I_\mathrm{B}=\frac{6.0\ \mathrm{V}}{30\ \Omega}=0.20\ \mathrm{A}$$

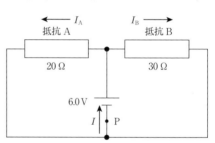

である。よって，図中の点Pを流れる電流の大きさIは，

$$I=I_\mathrm{A}+I_\mathrm{B}=0.50\ \mathrm{A}$$

となる（右図）。

問2 図1(a)の合成抵抗は，

$$30\ \Omega+10\ \Omega=40\ \Omega$$

である。オームの法則により，

$$I_1=\frac{10\ \mathrm{V}}{40\ \Omega}=0.25\ \mathrm{A}$$

となる。

右図の点Aと点Bの間の導線部分の電気抵抗が無視できるとき，AB間に電流が流れても電圧は0Vである。したがって，10Ωの抵抗にかかる電圧も0Vになり，10Ωの抵抗には電流は流れない。回路に流れる電流は右図のようになる。30Ωの抵抗には10Vの電圧がかかるから，オームの法則により，

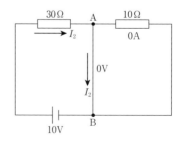

$$I_2=\frac{10\ \mathrm{V}}{30\ \Omega}=0.33\ \mathrm{A}$$

となる。

76

問1 ② 問2 ② 問3 ③ 問4 ①

問1 R_1 を流れる電流が $10\,\text{mA}=0.010\,\text{A}$ であるから，**オームの法則**により，R_1 にかかる電圧は $30\,\Omega\times0.010\,\text{A}=0.30\,\text{V}$ である。R_2 は R_1 と並列であるから，R_2 にかかる電圧も $0.30\,\text{V}$ である。したがって，R_2 を流れる電流は，

$$\frac{0.30\,\text{V}}{20\,\Omega}=0.015\,\text{A}=\underset{\sim}{15}\,\text{mA}$$

問2 R_3 を流れる電流は，R_1 と R_2 を流れる電流の和に等しいから，

$$10\,\text{mA}+15\,\text{mA}=25\,\text{mA}$$

BC 間の電圧は，R_3 にかかる電圧であるから，

$$10\,\Omega\times0.025\,\text{A}=\underset{\sim}{0.25}\,\text{V}$$

問3 AB 間の電圧と BC 間の電圧の和が電池の両端の電圧に等しいから，

$$0.30\,\text{V}+0.25\,\text{V}=\underset{\sim}{0.55}\,\text{V}$$

問4 3つの抵抗に流れる全電流は $I=0.025\,\text{A}$，AC 間にかかる全電圧は $V_{\text{AC}}=0.55\,\text{V}$ である。したがって，3つの抵抗を1つに置き換えたとき，その合成抵抗は，

$$R=\frac{V_{\text{AC}}}{I}=\underset{\sim}{22}\,\Omega$$

【別解】 抵抗の合成公式を用いると，R_1 と R_2 の**並列合成抵抗** R_{12} は，

$$\frac{1}{R_{12}}=\frac{1}{30\,\Omega}+\frac{1}{20\,\Omega}$$

$$R_{12}=12\,\Omega$$

これと R_3 の**直列合成抵抗**が3つの抵抗の合成抵抗になるから，

$$R=R_{12}+10\,\Omega=\underset{\sim}{22}\,\Omega$$

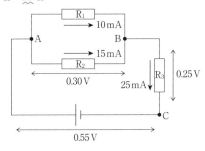

Box 13.　消費電力とジュール熱

☐　**消費電力**

抵抗で単位時間あたり消費される電気的エネルギー。

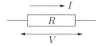

$$P=IV=RI^2=\frac{V^2}{R}$$

☐　**ジュールの法則**

抵抗の消費電力 P は，抵抗で単位時間あたり生じるジュール熱に等しいので，時間 t の間に発生するジュール熱 Q は，

　$Q=Pt$

抵抗の電位差 V は，1 C あたりの静電気力による位置エネルギーの差を表す。抵抗を 1 C の電荷が通過するとき，位置エネルギーを V だけ失う。このとき，電荷は金属イオンと衝突をくり返して通過するため，位置エネルギーは運動エネルギーには変わらず，熱に変わる。電流 I は単位時間あたり通過する電気量を表すから，単位時間あたり生じる熱は，$P=IV$ で表される。

77

問1　③　　問2　③

抵抗の電圧を V，電流を I として，抵抗の**消費電力**は，

　　　$P=IV$

である。抵抗では，電気エネルギーが消費されて**ジュール熱**が発生する。P は単位時間あたり発生するジュール熱に等しい。電力の単位は，**W（ワット）**=J/s である。

　問1　抵抗にかかる電圧 V は，

　　　$V=RI$

である。よって，抵抗で消費される電力 P は

　　　$P=IV=\underline{RI^2}$

となる。

　問2　時間 t の間に抵抗で生じたジュール熱 Q は，

　　　$Q=Pt=\underline{RI^2t}$

となる。

78

問1　④　　問2　②

　問1　B と C の抵抗値，および電圧が等しいから，それらに流れる電流も等しい。A に流れる電流を I として，B，C に流れる電流はそれぞれ，$\frac{I}{2}$ である。A，B，C の抵抗値を R として，A の消費電力は RI^2 であ

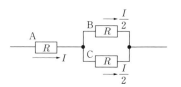

り，Bの消費電力 $R\left(\dfrac{I}{2}\right)^2$ の4倍である。したがって，Aで発生するジュール熱はBのそれ

の<u>4</u>倍である。

問2　Pの断面積を S ，長さを L とする。抵抗率を ρ として，Pの抵抗値は，$R_P=\rho\dfrac{L}{S}$ で

ある。一方，Qの半径はPの半径の2倍より，Qの断面積は $4S$ である。Qの長さは $2L$ で

あるから，Qの抵抗値は，

$$R_Q=\rho\dfrac{2L}{4S}=\dfrac{1}{2}\rho\dfrac{L}{S}$$

である。電流が共通のとき，PとQの消費電力の比は抵抗の比に等しいから，2：1である。

したがって，Qで発生するジュール熱はPのそれの $\dfrac{1}{2}$ 倍である。

79

問1　①　　問2　①

問1　100 Vの電圧をヒーターにかけたときの電流を I とする。このとき，消費電力が

20 Wであるから，

$$100\,\text{V}\times I=20\,\text{W}\quad\therefore\quad I=\underline{0.20\,\text{A}}$$

問2　表から，時間が30 s経過するごとに液体の温度が0.3℃(0.3 K)上昇していること

がわかる。30 s間でヒーターから発生したジュール熱は，20 W×30 s＝600 Jである。この

熱が液体の温度を0.3℃上昇させるのに使われる。液体の比熱を c として，

$$1000\,\text{g}\times c\times0.3\,\text{K}=600\,\text{J}\quad\therefore\quad c=\underline{2\,\text{J}/(\text{g}\cdot\text{K})}$$

80

問1　①　　問2　①　　問3　| 1 |－②　| 2 |－⑦

問4　| 3 |－⑤　| 4 |－⑤

電力×時間を**電力量**という。よく用いられる単位は，**kWh**(キロワット時)である。1 kWh

は，1 kWの電力を1 hour(時間)使用したときの電力量である。

問1　100 Vの電源を電熱器につないだとき，電熱器にかかる電圧は100 Vであり，図1

から流れる電流は10 Aである。電熱器の消費電力は，

$$100\,\text{V}\times10\,\text{A}=1000\,\text{W}=\underline{1\,\text{kW}}$$

【参考】　電熱器や電球の抵抗値は一定ではない。そのような抵抗を**非線形抵抗**という。電流

が大きいほど抵抗値が大きくなる性質がある。これは，電流が大きいほど単位時間あたりに

発生するジュール熱が大きくなり抵抗の温度が高くなるため，金属イオンの熱振動が激しく

なり，自由電子が通りにくくなるからである。

問2　24分は，$\dfrac{24}{60}$ 時間である。2.0 Lの水を沸騰させるのに使用した電力量は，

$$1\,\text{kW}\times\dfrac{24}{60}\,\text{h}=0.4\,\text{kWh}$$

したがって，電力料金は，

$$20 \text{円} /\text{kWh} \times 0.4 \text{kWh} = 8 \text{円}$$

　問3　図3の場合，電熱器にかかる電圧は，それぞれ100 Vであり，それぞれの電熱器に流れる電流は10 Aである。問2と同じ電力であるから，水が沸騰する時間も同じ24分である。

　図4の場合，それぞれの電熱器にかかる電圧は，電源電圧の半分であり50 Vである。このとき，図1から電熱器に流れる電流は6 Aである。1つの電熱器の電力は，

$$50 \text{V} \times 6 \text{A} = 300 \text{W} = 0.3 \text{kW}$$

である。これは，図2の電熱器の電力の0.3倍である。水を沸騰させるときに使う電力量は，図2と図4の1つの電熱器で同じであるから，図4で沸騰する時間をt〔分〕として，

$$1 \text{kW} \times \frac{24}{60} \text{h} = 0.3 \text{kW} \times \frac{t}{60} \text{h}$$

$$\therefore \quad t 〔\text{分}〕 = \frac{24}{0.3} \text{分} = 80 \text{分}$$

　問4　図3，4では，いずれも図2の2.0倍の水を沸騰させたから2.0倍の熱を使ったことになる。つまり，図3，4で使用した電力量は$0.4 \text{kWh} \times 2.0 = 0.8 \text{kWh}$である。したがって，図3，4の電力料金は，図2の2.0倍になる。

§2　電流と磁場

Box 14.　磁場（磁界）に関する法則と公式

☐　**磁場**

　　磁場は電流に力を及ぼす空間の性質を表す。磁場は電流により作られる。磁石の周りの磁場も，原子1つ1つが微小電流として磁場を作ることによる。

☐　**電流が作る磁場　―右ねじの法則―**

　　電流が作る磁場の向きは，電流の向きを右ねじの進む向きとして，右ねじが回る向き。

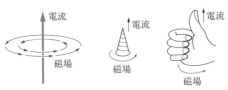

円電流（下図左）とソレノイド電流（下図右）がその内部に作る磁場の向きは，電流を右ねじが回る向きとして，右ねじが進む向きとして考えてもよい。

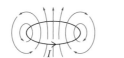 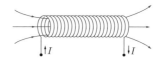

□ **電流が磁場から受ける力　―フレミングの左手の法則―**

□ **電磁誘導**

レンツの法則により，誘導起電力により流れる電流の向きは，その電流が作る磁場がコイルを貫く磁力線の数の変化を妨げるような向きである。

ファラデーの法則により，コイルに生じる誘導起電力の大きさは，コイルを貫く磁力線の数が変化する速さに比例する。

81

問1　②　　問2　⑥

問1　棒磁石を分割すると，その断面がN，S極になる。分割した2つの棒磁石はそれぞれN，S極をもつ。単一の極のみ 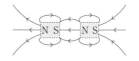 をもつ物体は存在しない。**磁力線**は，方位磁針を磁場（磁界）中に置いたとき，磁針のN極が示す方向を連続的に示した線である。つまり，磁力線の接線方向に磁針が向く。磁力線はN極から発し，S極に吸い込まれる。鉄粉は磁場中で小さな方位磁針のように振る舞うので磁力線を実験的に示すときに有効である。正しい図は②。

問2　電流が作る磁場の向きは，電流の向きを右ねじの進む向きとして，右ねじが回る向きである（**右ねじの法則**）。右ねじの法則により，直線電流 I が作る磁場の磁力線は，直線電流を中心とする同心円で表される。磁場の向きに磁針のN極が向く。正しい図は⑥。

【補足】　円電流 I が作る磁場は，円周上の各微小部分の電流が作る磁場を重ねたものであり，磁場の向きは右ねじの法則にしたがう。結果的に，円電流の内側における磁場の向きは，電流を右ねじの回る向きとしたとき，右ねじが進む向きになる。

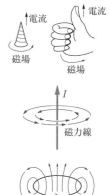

82

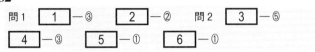

問1 **1** ─③ **2** ─② 問2 **3** ─⑤

4 ─③ **5** ─① **6** ─①

問1 **右ねじの法則**により，A → B の電流 *I* の向きに対して，磁力線の向きは，A から B の方向を見たとき時計回り。

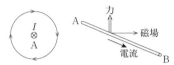

フレミングの左手の法則により，導線を流れる電流の向きが A → B のとき，導線が受ける力の向きは P → U の向き。電流の向きを B → A とすると，力の向きは P → D となる。

問2 この装置は直流モーターを表しており，電流が磁場から受ける力を利用して，電気的なエネルギーを力学的なエネルギーに変える。

電極 A，B の側から見て，磁石による磁場の向きは右向きである（N 極 → S 極）。電流が電極 A → コイル → 電極 B の向きに流れるとき，磁場から受ける力はコイルを反時計回りの向きに回転させるようにはたらく。つまり，下の図1のとき，回転軸に平行なコイルの左側の辺が受ける力は下向き，右側の辺が受ける力は上向きになる。コイルが鉛直に立つまでは力の向きは変わらない。さらに，下の図2のように，鉛直に立つ位置を通過したとき，**整流子**（電極 A，B の間にある 2 つの半円板の部分）のはたらきにより電流の向きは，下の図1と同じになり，力の向きも再びコイルを回転させる向きになるので回転が続く。

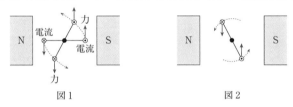

図1   図2

⊗：紙面に垂直に表から裏向きの電流を表す。
⊙：紙面に垂直に裏から表向きの電流を表す。

モーターの原理を理解するために，エナメル線，クリップ，磁石を使って簡単な「クリップモーター」を作って実験してみるとよい。

83

問1 ⑥ 問2 ③

電磁誘導は，コイルを貫く磁力線の数が時間変化するとき，コイルに**誘導起電力**（電圧）が生じる現象である。誘導起電力は，コイルを貫く磁力線の数が変化する速さに比例する。また，コイルの巻き数が多いほど誘導起電力は大きくなる。

誘導起電力により流れる電流は，その電流が作る磁場がもとのコイルを貫く磁力線の数の変化を妨げる向きに流れる（**レンツの法則**）。

　問1　棒磁石のN極がコイルに近づくとき，コイルを下向きに貫く磁力線の数が増加し，それを妨げる向きに電流が流れる。つまり，電流がコイルの上から下向きに流れ，それが作る磁場は**右ねじの法則**により上を向く。棒磁石のN極がコイルから遠ざかるとき，コイルを下向きに貫く磁力線の数が減少し，電流は逆向きになる。

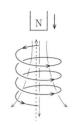

　また，勢いよく遠ざけたときの方が磁力線の数の変化の速さが，ゆっくり近づける場合に比べ大きいから，電流も大きい。答は⑥である。

　問2　コイルの1巻きごとに誘導起電力が生じるため，コイル全体の誘導起電力は，コイルの巻き数を2倍にすると大きくなり，電流も大きくなる。

　コイルに棒磁石のN極を下にして近づけると，コイルを下向きに貫く磁力線が増える。このとき，レンツの法則により，コイルに流れる電流の向きはコイルの上から下の向きとなる。答は③である。

§3　交流と電磁波

84

　問1　④　　問2　⑤

　問1　コイルの回転が止まっているとき，コイルを貫く磁力線の本数は変化しないのでコイルに電磁誘導が起こらない。よって，電圧は発生しない。

　コイルが回転すると，コイルを貫く磁力線の本数が変化してコイルに電磁誘導が起こり，電圧が発生する。

【補足】　問題の図の瞬間は，コイルが水平になりつつあるので，コイルをN極からS極の向きに貫く磁力線の本数が減少している。**レンツの法則**により，端子b→コイル→端子aの向きに電流を流そうとする起電力がコイルに生じている。また，コイルが図の位置から180°回転したときは，端子a→コイル→端子bの向きに電流を流そうとする起電力がコイルに生じる。コイルに生じる電圧は変化するので，交流電圧である。

　問2　**ファラデーの法則**により，電磁誘導で生じる電圧の大きさはコイルを貫く磁力線の本数の変化の速さに比例する。

　コイルが1回転するとき，交流電圧は1回変化する。コイルの回転周期と交流電圧の時間変化の周期は等しい。コイルの回転の速さを2倍にすると，交流の時間変化の周期は$\frac{1}{2}$倍，周波数は2倍になる。また，交流電圧の最大値は2倍になり，増加する。

Box 15.　交流と変圧器

☐ **交流**

交流の電圧の最大値(振幅)を V_0 とすると，実効値は $\dfrac{V_0}{\sqrt{2}}$ である。交流の周波数は，東日本では 50 Hz，西日本では 60 Hz である。

☐ **変圧器**

1 次側と 2 次側のコイルの電圧を V_1，V_2，巻き数を N_1，N_2 とすると，

$$\frac{V_2}{V_1}=\frac{N_2}{N_1}$$

85

問1　② 　問2　④

問1　コイルの回転にともない，コイルを貫く磁力線の数が増減しその変化は周期的であるから，コイルには周期的に変化する誘導起電力が生じる。これにより，**交流電圧**が生じる。交流電圧の周期はコイルが 1 回転する時間に等しい。

交流電圧の周期 T は，電圧が一回振動して変化する時間である。交流電圧の**周波数** f は単位時間(1秒)あたりの電圧の振動回数である。例えば周期が 0.2 s の場合，1 s 間に $\dfrac{1}{0.2\,\mathrm{s}}=$ 5 回/s 振動する。一般に，$f=\dfrac{1}{T}$ が成り立つ。周波数の単位は，ヘルツ〔Hz〕である。$f=$ 50 Hz のとき，$T=\dfrac{1}{50\,\mathrm{Hz}}=2.0\times10^{-2}$ s である。

問2　交流電圧の**実効値**は，$\dfrac{1}{\sqrt{2}}\times$(交流電圧の最大値)である。実効値は，交流の平均の消費電力と同じ電力を与える直流値に等しい。実効値が 100 V の場合，交流電圧の最大値は，

$$\frac{V_0}{\sqrt{2}}=100\,\mathrm{V} \qquad \therefore \quad V_0\fallingdotseq140\,\mathrm{V}$$

86

問1　① 　問2　⑤

問1　一次コイルに交流電流が流れると，鉄心の内部に時間変化する磁場が生じる。この磁場は二次コイルを貫き，二次コイルに誘導起電力が生じる。このような現象を**相互誘導**という。

理想的な変圧器では，コイル 1 巻きに生じる誘導起電力は全て共通である。それを v とすれば，$V_1=N_1\times v$，$V_2=N_2\times v$ となる。したがって，

$$\frac{V_2}{V_1}=\frac{N_2}{N_1} \qquad \therefore \quad V_2=\frac{N_2}{N_1}V_1$$

となる。

問2　一次コイルの電流が周期的に時間変化するとき，鉄心内部の磁場も同じ周期で時間

変化する。したがって，二次コイルに生じる誘導起電力の周期と周波数は，一次コイルの周期と周波数に等しい。答は⑤である。

87

問1　④　　問2　①　　問3　③

問1　電力＝電圧×電流により，電流 I は

$$I=\frac{20\,\mathrm{kW}}{100\,\mathrm{V}}=\frac{20\times10^3\,\mathrm{W}}{100\,\mathrm{V}}=200\,\mathrm{A}$$

問2　抵抗で消費された電力はジュール熱に変わる。電線の抵抗値を R として，単位時間あたり生じるジュール熱＝消費電力は，$W_1=RI\times I=RI^2$ である。

1000 V の電圧で 20 kW の電力を送電するとき，電流 I' は，

$$I'=\frac{20\times10^3\,\mathrm{W}}{1000\,\mathrm{V}}=20\,\mathrm{A}$$

である。

$W_2=RI'^2$ として，送電により熱として失われる電力の比は，

$$\frac{W_2}{W_1}=\frac{RI'^2}{RI^2}=\left(\frac{20\,\mathrm{A}}{200\,\mathrm{A}}\right)^2=0.01$$

問3　直流では，鉄心内部の磁場は時間変化しないから，相互誘導は起こらない。したがって，変圧器は直流では使えない。また，問2で示したように，送電のとき高電圧にするのは電力の熱による損失を小さくするためである。

88

問1　 1 —④　　 2 —③　　 3 —①　　 4 —②

問2　②　　問3　⑤

電磁波は電場と磁場の振動が空間を伝わる波である。**可視光線**は波長が $3.8\times10^{-7}\,\mathrm{m}$〜$7.7\times10^{-7}\,\mathrm{m}$ の電磁波である。波長により異なる性質をもち，名前が付けられている。

電磁波が真空中を伝わる速さは，光速 $c=3.0\times10^8\,\mathrm{m/s}$ である。電磁波の周波数(振動数)を f，波長を λ として，$c=f\lambda$ が成り立つ。波の速さについては，問題 *53* を見よ。

電磁波の種類と対応する波長〔m〕

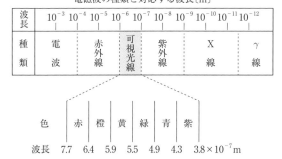

問1 可視光線の波長より少し長い(周波数でいえば少し小さい)電磁波は**赤外線**である。がん治療などに用いられる**γ線**は波長がきわめて短い電磁波である。

中波は国内の**AMラジオ放送**に用いられる電磁波で，周波数はおよそ500 kHz～1600 kHzである。一般に，無線通信，ラジオ，テレビ放送などに使われる。波長がおよそ0.1 mm以上の電磁波を**電波**という。電子レンジの電磁波は**マイクロ波**である。マイクロ波の波長はおよそ1 m～0.1 mmである。ブラックライトは紫外線を放射するライトである。デジタルカメラは可視光線を感知するカメラである。

α線，β線は放射線であり，それぞれヘリウムの原子核，高速の電子である。これらは電磁波ではない。

問2 電磁波は光速で伝わる。光速＝周波数×波長より，周波数は，

$$\frac{3.0 \times 10^8 \, \text{m/s}}{5.0 \times 10^{-8} \, \text{m}} = 6.0 \times 10^{15} \, \text{Hz}$$

問3 ナトリウムランプの橙色の光は可視光線であるから赤外線より波長が短い。テレビ放送の電波の波長は赤外線の波長より長いから，正解は⑤である。

可視光線より波長が短い電磁波として，紫外線，X線，γ線がある。これらは人体への影響が大きい。テレビ放送の電波は人体への影響が少ないことから，テレビ放送の電波の波長は可視光線の波長より長い電磁波であることは常識的に判断することもできる。

89

問1 ②　　問2 ⑤

問1 スピーカーの原理は，「コイルの流れる電流が磁場から力を受け，それによりコーン紙が振動して音波が発生する」，というものである。

交流電流の周波数とコーン紙の振動の周波数は等しく，音波の周波数もそれに等しい。

音波がコーン紙を振動させると，コイルを貫く磁力線の数が変化し，電磁誘導によりコイルに誘導起電力が発生する。マイクロフォンでは音波の振動を誘導起電力の振動に変換している。

磁石の極性を逆にしてもコーン紙は振動するので音波が発生する。正解は②である。

コイルに流す電流を増せば，コイルが磁場から受ける力は強くなり，コーン紙の振動の振幅が大きくなる。したがって，音も大きくなる。

直流の電流ではコーン紙は振動しないので音は出ない。

問2 手回し発電によって生じた起電力をE，リード線に接続したものの抵抗をRとすると，その消費電力Pは，

$$P = \frac{E^2}{R}$$

である。ただし，抵抗R以外の電気抵抗はすべて無視する。

摩擦を無視して，消費電力はハンドルを回転させる外力の仕事率に等しいものとする。消費電力が大きいほど外力の仕事率が大きくなる。また，ハンドルを回転させる速さを共通にして比べれば，外力の仕事率が大きいほど外力も大きくなる。よって，ハンドルの手ごたえ

が軽い順は，消費電力 P が小さい順，つまり抵抗 R が大きい順である。**b** は電気抵抗が非常に小さく，**c** は電気抵抗が非常に大きいから，**c → a → b** の順が正しい。

第5章 エネルギーとその利用

<table><tr><td>§1</td><td>エネルギーの変換</td></tr></table>

90

①

エネルギーにはいろいろな形態があり，エネルギーは変換して別のものに変化する。このとき，**エネルギー保存則**が成り立ちエネルギーの総量は変わらない。エネルギー保存則は自然の原理の1つであり，全ての自然現象で成り立つ。この法則は，1842年にドイツのマイヤーによって初めて提唱された。

a～dのエネルギーの形態は，a **熱エネルギー**，b **力学的エネルギー**，c **電気エネルギー**，d **化学エネルギー**である。エネルギーの形態には，他に**光エネルギー**，**核エネルギー**がある。

① ジュールの実験によるエネルギーの変換は，力学的エネルギー → 熱エネルギーである。この実験は1847年にイギリスのジュールによって行われ，熱と仕事の関係を初めて定量的に決定した有名な実験である。ジュールの実験については問題 *50* を参照。A に適した事象は<u>ジュールの実験</u>である。

② 原子炉によるエネルギーの変換は，核エネルギー → 熱エネルギー → 力学的エネルギー → 電気エネルギーである。原子炉でウランやプルトニウムを核分裂させ，そのときに発生する熱を利用して水蒸気を発生させ，タービンを回転させて発電する。**核分裂**については問題 *96* を参照。

③ 扇風機によるエネルギーの変換は，電気エネルギー → 力学的エネルギーである。扇風機の羽の回転はモーターによる回転である。モーターについては問題 *82* を参照。

④ ガソリンエンジンによるエネルギーの変換は，化学エネルギー → 熱エネルギー → 力学的エネルギーである。

色々なエネルギーの変換について下の図にまとめておく。

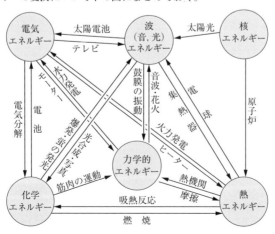

91

問1 ⑥ 問2 ⑦

問1 火力発電では，化石燃料のもつ化学エネルギーを燃焼によって取り出し，そのエネルギーを利用して発電機のタービンを回し，電気エネルギーを得る。

風力発電では，空気の運動エネルギーを利用して発電機の風車を回し，電気エネルギーを得る。

発電機のタービンや風車を回して電磁誘導により電気を作っている。

問2 **原子力発電**では，重い原子核であるウランやプルトニウムを連鎖的に**核分裂**させ，核エネルギーを取り出している。それを熱エネルギーに変えて，最終的には電気エネルギーが得られる。

火力発電では，化石燃料が燃焼したときに二酸化炭素が生じるが，原子力発電では放射性廃棄物が生じる。これは放射能をもつ危険物質であるが，放射能を簡単に除去する方法がないため，長期にわたって厳重に保管する必要がる。

【補足】 重水素核などの軽い原子核を核融合させてエネルギーを得る発電はまだ実用化されていない。

92

問1 ④ 問2 ④

問1 電力の単位，仕事率の単位は，W（ワット）＝J/s である。

1秒間に 30 kg の水が 17 m 落下することにより減少する重力による位置エネルギーは，
$$30\,kg \times 9.8\,m/s^2 \times 17\,m \fallingdotseq 5.0 \times 10^3\,J$$
である。この発電所で1秒間に得られる電気エネルギーは，2.2 kW×1 s＝2.2×10³J である。よって，
$$\frac{2.2 \times 10^3\,J}{5.0 \times 10^3\,J} \times 100 = 44\%$$
となる。

問2 電気ストーブが1秒間に消費する電気エネルギーは，1.0 kW×1 s＝1.0 kJ である。この電気エネルギーを供給するために1秒間に発電所で発生する熱量 Q は，
$$Q \times \frac{40}{100} = 1.0\,kJ \quad \therefore\ Q = 2.5\,kJ$$
である。よって，捨てられた熱量は，
$$2.5\,kJ - 1.0\,kJ = 1.5\,kJ$$
となる。

93

問1 ③ 問2 ⑤ 問3 ④

問1 おもりの速度が一定であるから，おもりにはたらく力はつりあっている。おもりを

引き上げる力の大きさは，おもりにはたらく重力の大きさ 0.1kg×9.8 m/s²＝0.98 N に等しい。おもりを 1.0 m だけ引き上げるとき，引き上げる力がした仕事，つまりモーターがおもりにした仕事は，

$$W=0.98 \text{ N}×1.0 \text{ m}=0.98 \text{ J}$$

問2　モーターの消費電力は，

$$0.30 \text{ A}×3.0 \text{ V}=0.90 \text{ W}$$

モーターが 8.0 s 間で消費した電気エネルギーは，

$$E=0.90 \text{ W}×8.0 \text{ s}=7.2 \text{ J}$$

問3　W は E の 13% 程度であり，電気エネルギーのほんの一部しか仕事に使われていない。エネルギー保存則により，残りの電気エネルギーは，モーター内部の抵抗で消費されジュール熱などに変わり空気中に逃げていくと考えられる。答は ④ である。

94

問1　⑥　　問2　⑤　　問3　[3]—②　　[4]—③　　問4　②

問1　面積 10 m² の太陽電池に届いた**太陽エネルギー**は，1 s あたり，

$$500 \text{ J/(m}^2\text{·s)}×10 \text{ m}^2=5000 \text{ W}$$

である。このエネルギーが 750 W の電力（1 s あたりの電気エネルギー）に変換されたとき，その割合は，

$$\frac{750 \text{ W}}{5000 \text{ W}}×100=15\%$$

問2　太陽内で炭素が酸素と結合して，つまり炭素が燃焼して熱を発生していると仮定すると，$1.8×10^{37}$ J の熱量を発生すると見積もられる。太陽から 1 s あたり放出されるエネルギーは，$4.0×10^{26}$ J/s であるから，エネルギーが発生する時間は，

$$\frac{1.8×10^{37} \text{ J}}{4.0×10^{26} \text{ J/s}}=4.5×10^{10} \text{ s}$$

つまり，$\dfrac{4.5×10^{10}}{3.2×10^{7}}$ 年 ≒ $1.4×10^{3}$ 年

である。これは短すぎて現実に合わない。

問3　太陽内では，水素が**核融合**して**核エネルギー**が発生している。炭素の燃焼のエネルギーは化学エネルギーであり，これに比べ核エネルギーははるかに大きい。

核分裂は，ウランなどの重い原子核が軽い原子核に変わる反応であり，核融合と同様に核エネルギーが発生する。原子力発電は核分裂を利用している。

問4　太陽から発した**電磁波**（赤外線，可視光線，紫外線など）が真空を伝わって地球にエネルギーとして届く。この現象は放射であり，これと同じ原理で説明されるのは，電球から発した**赤外線**（波長が可視光線より長い電磁波）が手を温める現象である。答は，②である。③は熱伝導，④は対流である。

95

問1　$\boxed{1}$ —③　$\boxed{2}$ —①　$\boxed{3}$ —②　問2　②　問3　③

問4　③

問1　電子レンジの内部で発生する電磁波は水に吸収されやすく，水分を含むものを温めやすい。この電磁波はラップ，陶器やガラスを透過しやすく，アルミホイルにより反射されやすい。

問2　ドライヤーは電熱線により加熱された空気をファンにより送り出す。電熱線，モーターなどの作動は電磁波により影響をほとんど受けない。

問3　出力 600 W の電子レンジで 2 分 30 秒温めたときの電子レンジから供給されたエネルギーは，

$$600\ \text{W} \times 150\ \text{s} = 90000\ \text{J}$$

出力 500 W の電子レンジから同じエネルギーを供給すればよいとして，求める時間 t は，

$$500\ \text{W} \times t = 90000\ \text{J}\quad \therefore\quad t = 180\ \text{s} = 3\ \text{分}$$

問4　電子レンジが供給したエネルギーは，

$$W = 500\ \text{W} \times 30\ \text{s} = 15000\ \text{J}$$

水が吸収した熱は，

$$Q = 100\ \text{g} \times 4.2\ \text{J/(g·K)} \times (38 - 19)\text{K} = 7980\ \text{J}$$

したがって，供給したエネルギーのうち水を温めるために使われたのは，

$$\frac{Q}{W} \times 100 = 53.2\% \fallingdotseq 53\%$$

熱量計算の解説は問題 *41* を見よ。

---

§2　　原子力と放射線

Box 16.　原子核と放射線

□　**原子核**

$$^{A}_{Z}\text{X}$$

X：元素記号　A：質量数　Z：原子番号（陽子数）

中性子数は，$N = A - Z$ である。

□　**核融合と核分裂**

核分裂：ウランなどの重い原子核は軽い原子核に分裂する。

核融合：重水素核などの軽い原子核は重い原子核に融合する。

核分裂や核融合では，原子核の質量が減少して核エネルギーが放出される。

□　**放射線**

放射線は原子核反応にともなって放出される。各放射線の本体と，物質に対する電離作用，物質に対する透過力を表にまとめると，

	本体	電離作用	透過力
α 線	${}^{4}_{2}$He の原子核	大	小
β 線	電子	中	中
γ 線	電磁波	小	大

□　**放射線量**

物質 1 kg あたり，1 J の放射線エネルギーを吸収したときの放射線吸収量を 1 Gy（グレイ）という。放射線による人体への影響は放射線の種類にもよる。その違いを考慮した放射線吸収量を等価線量という。その単位は Sv（シーベルト）である。X 線，β 線，γ 線の 1 Gy は 1 Sv に相当し，α 線の 1 Gy は 20 Sv に相当する。

96

原子の大きさは，およそ 10^{-10} m である。原子の構造については問題 **69** を参照しよう。原子の中心にある原子核の大きさは，およそ 10^{-15} m である。**原子核は陽子と中性子から構成されている**。陽子のもつ電荷は $+e\,(\fallingdotseq +1.6 \times 10^{-19}\,\mathrm{C})$，中性子は電荷をもたない。陽子と中性子を総称して**核子**といい，原子核は**核力**により結合している。

結合の強さの目安である核子 1 個あたりの結合エネルギーは原子核の種類によって異なる。ウランなどの重い原子核は**核分裂**することにより，また，重水素核などの軽い原子核は**核融合**することにより安定な原子核に変化する。このとき，**核エネルギー**が放出される。

問 1　原子力発電では，原子炉内でウランを核分裂させ，核エネルギーから得た熱エネルギーを利用してタービンを回転させ，電気エネルギーを作り出している。

問 2　${}^{235}_{92}$U（ウラン）の陽子数は，元素記号の左下の $\underset{\sim}{92}$ である。この数字は原子番号である。元素記号の左上の 235 は原子核内の陽子と中性子の合計数（**質量数**）である。中性子数は，

$$235-92=\underset{\sim}{143}$$

である。

問 3　一般に，原子核反応の前後で質量数の合計と電荷の合計は，それぞれ保存する。

核反応式にある重水素核 ${}^{2}_{1}$H の質量数は 2，電荷は $+e$，三重水素核 ${}^{3}_{1}$H の質量数は 3，電荷は $+e$，である。また，${}^{1}_{0}$n は中性子であり，質量数は 1，電荷は 0 である。空欄の原子核の質量数を A，原子番号（陽子数）を Z とすると，質量数の合計と電荷の合計の保存により，

$$2+3=A+1 \qquad \therefore \quad A=4$$
$$+e+e=+Ze+0 \qquad \therefore \quad Z=2$$

よって，空欄に入れる原子核は ${}^{4}_{2}$He である。核反応式は，

$$_1^2H + _1^3H \rightarrow _2^4He + _0^1n$$

となる。この原子核反応は核融合であり，水素原子核より重いヘリウム原子核が生じる。核融合は可能な原子核反応であるが，発電に使える反応としては実用化されていない。

97

問1　③　問2　⑥

問1　最も適当な記述は③である。以下，誤った記述については修正例を示す。

①　原子の種類（元素）は，原子核内に存在する~~中性子~~陽子の数によって決まり，その数を原子番号という。

②　原子核内に存在する陽子数は~~質量数~~原子番号に等しい。

③　私たちは日常生活の中で，食物や空気および大地や宇宙からの自然放射線を浴びている。

④　X線は電場（電界）と磁場（磁界）が進行方向に対して垂直に振動する~~縦波~~横波であり，胸のX線検診では，X線が~~縦波である~~性質の透過性を利用して，人体組織の疎密状態を調べている。

⑤　原子力発電では，核分裂の連鎖反応が継続~~しない~~するように原子炉を制御しながら，核エネルギーを取り出している。

問2　放射線にはα線，β線，γ線などがあるが，その透過力や電離作用は放射線の種類やエネルギーによって異なる。透過力が最も強いものはγ線であり，その本体は波長の短い電磁波である。α線の本体はヘリウムの原子核であり，電離作用が最も強い。β線の本体は高速の電子である。

98

問1　①　問2　⑤　問3　①

問1　原子番号が同じであるが，原子核に含まれる中性子の個数が異なる元素の関係を，互いに**同位体**という。水素原子核 $_1^1H$ は陽子1個，重水素核 $_1^2H$ は陽子1個と中性子1個，三重水素核 $_1^3H$ は陽子1個と中性子2個から構成されている。

以下，選択肢の用語の解説である。

同素体：同じ元素でできているが，化学的に性質が異なる単体。（例　炭素C：ダイヤモンドと黒鉛）

同族元素：周期表で同じ族に属する元素群。

導体：金属など自由電子をもつ物質で，電流がよく流れる。

半導体：14族の元素の結晶に，不純物原子として13族または15族の元素を微量混入した半導体をp型，またはn型半導体という。半導体は，導体と不導体の中間程度の抵抗率をもつ物質である。

混合物：2種類以上の物質に分けられるもの。

問2　三重水素原子核 $_1^3H$ に含まれる陽子は1個，中性子は2個である。ヘリウム原子核

${}_2^3\text{He}$ に含まれる陽子は 2 個，中性子は 1 個である。このような変化を β **崩壊**といい，中性子が陽子に変化する。このとき，電子 (β 線) と反ニュートリノ ($\bar{\nu}$) が放出される。

$$ {}_1^3\text{H} \longrightarrow {}_2^3\text{He} + \beta + \bar{\nu} $$

問 3 β 線は，高速の電子の流れである。高速のヘリウム原子核 ${}_2^4\text{He}$ の流れを α 線という。γ 線は波長が非常に短い電磁波である。これらを**放射線**という。

99

問 1 ③ **問 2** ④ **問 3** ② **問 4** ① **問 5** ②

問 1 図 2 と測定条件 2 から，観測者がトンネル内を歩いた時間は，11 分－5 分＝6 分である。歩く速さは一定であるから，300 m÷6 分＝50 m/分である。図 2 から，橋の上を歩いた時間は 3 分である。よって，橋の長さは，

$$ 50 \text{ m/分} \times 3 \text{ 分} = \underline{150 \text{ m}} $$

となる。

問 2 ガンマ線は，他の放射線であるアルファ線，ベータ線より透過力が大きい。適当でないものは ④ である。

問 3 トンネル内では，土や岩石などにより空からのガンマ線が遮られる。路上に比べてトンネル内の方が，空からのガンマ線は少ない。また，トンネル内は周囲が大地に囲まれているので，路上に比べて大地からのガンマ線は多い。答は ② である。

問 4 水深が 0 cm の場合，水槽の底に達したガンマ線の量は 0.03 μSv/時である。これは，空からのガンマ線と水槽の下の大地からのガンマ線の合計量である。水深が増加するにしたがって，空からのガンマ線がより強く水に遮られるため，水槽の底に達したガンマ線の量が減少している。図 4 から水深が 80 cm 以上になると，単位時間あたりのガンマ線の量が 0.015 μSv/時で一定になる。これは，空からのガンマ線が完全に遮られたためである。よって，水槽の下の大地から放出されるガンマ線の量は 0.015 μSv/時である。答は ① である。

問 5 図 2 から，トンネル内のガンマ線量はおよそ 0.07 μSv/時である。50 μSv の放射量を受ける時間は，

$$ 50 \text{ } \mu\text{Sv} \div 0.07 \text{ } \mu\text{Sv/時} \fallingdotseq 714 \text{ 時間} \fallingdotseq \underline{30 \text{ 日}} $$

である。

④ 20240509